中国水治理研究

国务院发展研究中心
世 界 银 行　　"中国水治理研究" 项目组　著

图书在版编目（CIP）数据

中国水治理研究 / "中国水治理研究"项目组著. —北京：中国发展出版社，
2018.12

ISBN 978-7-5177-0949-7

Ⅰ. ①中⋯ Ⅱ. ①中⋯ Ⅲ. ①水资源管理—研究—中国 Ⅳ. ①TV213.4

中国版本图书馆CIP数据核字（2018）第296041号

书　　　　名：中国水治理研究
著作责任者："中国水治理研究"项目组
出 版 发 行：中国发展出版社
　　　　　　　（北京市西城区百万庄大街16号8层　100037）
标 准 书 号：ISBN 978-7-5177-0949-7
经 销 者：各地新华书店
印 刷 者：河北鑫兆源印刷有限公司
开　　　　本：889mm×1194mm　1/16
印　　　　张：19
字　　　　数：257千字
版　　　　次：2019年6月第1版
印　　　　次：2019年6月第1次印刷
定　　　　价：99.00元

联 系 电 话：（010）68990630　68990692
购 书 热 线：（010）68990682　68990686
网 络 订 购：http://zgfzcbs.tmall.com//
网 购 电 话：（010）88333349　68990639
本 社 网 址：http://www.develpress.com.cn
电 子 邮 件：370118561@qq.com

"中国水治理研究"项目组

领导小组

组　长：

王一鸣　国务院发展研究中心副主任、研究员

Victoria Kwakwa　世界银行副行长（负责东亚与太平洋地区）

成　员：

高世楫　国务院发展研究中心资源与环境政策研究所所长、研究员

陈广哲　世界银行全球水实践项目局局长

Bert Hofman　世界银行驻华代表

以及来自国务院发展研究中心国际局、水利部水资源司、原国土资源部地质环境司、住房与城乡建设部城市建设司、原农业部科技教育司、财政部国际财金合作司等部委司局级官员。

顾问小组

王　浩　中国工程院院士、中国水利水电科学研究院教授级高级工程师

傅伯杰　中国科学院院士、中国科学院生态环境研究中心研究员

夏　青　中国环境科学研究院原副院长兼总工程师、研究员

Jane Doolan　澳大利亚堪培拉大学教授

Claudia Sadoff　世界银行高级专家

Patricia Mulroy　美国内华达大学教授

中方专家组

组　长：

谷树忠　国务院发展研究中心资源与环境政策研究所副所长、研究员

专题负责人：

李维明　贾绍凤　王建华　李　晶　钟玉秀　丁留谦　赵　勇
王亦宁　常纪文　陈健鹏　周宏春

参加人：

张　亮　何　凡　黄文清　张　欢　许　杰　邓捷铭　付　健
李培蕾　李　娜　胡　鹏　张春玲　王贵作　汤方晴　吴　平
周锡饮　黄晓军　焦晓东　兰宗敏

世界银行专家组

组　长：

Marcus Wishart　世界银行首席水资源专家
Winston Yu　世界银行高级水资源专家
蒋礼平　世界银行高级水资源专家

专题负责人：

Bobby Cochran　陈志钢　Mark Radin

参加人：

Scott Moore　张玉梅　朱廷举　Qi Tian　Regina Rossmann
Si Guo　谢　丹　廖夏伟　李安琪　董理腾

序 言

国务院发展研究中心副主任、研究员　王一鸣

由国务院发展研究中心与世界银行联合开展的"中国水治理研究"项目，在中国政府各有关部门的大力支持下，经过中外双方专家的共同努力，已经顺利完成预期任务。本报告作为该项目的核心研究成果，现在付梓。在此，表示热烈祝贺！

中国是一个严重缺水的国家，同时也是一个旱涝灾害频发的国家。历史上，中国各朝各代都高度重视水的治理，在某种意义上讲，中国历史也是一部水治理的历史，既涌现出了一大批治水名人、伟人，也积累了丰富的治水知识、经验，至今仍在中国治水事业中发挥着潜移默化的作用。进入新的历史时期，中国更加注重以节约资源、保护环境、保育生态为主要内容的生态文明建设和绿色发展，对包括水资源治理、水环境治理、水生态治理等在内的水治理，更加重视、更加用力，也更加卓有成效、更加令人期待。特别是习近平主席所提出的"节水优先、空间均衡、系统治理、两手发力"的治水方略，为中国水治理指明了方向。

中国水治理所面临的形势不断变化，所应对的挑战越来越严峻，所面临

的问题越来越复杂，所追求的目标越来越宏大。正是在此背景下，国务院发展研究中心与世界银行联合开展此项研究，旨在为中国新时代水治理提供科学、实用的咨询意见，同时也为其他国家、特别是发展中国家提供治水的"中国经验"和"中国方案"，为提升全球水治理的能力与水平贡献"中国智慧"。

　　通读整个报告不难发现，该报告在以下方面作了有益的讨论并取得了有益的成果：在对中国水安全态势进行系统评价的基础上，提出了中国水安全问题清单；对水与经济增长的关系进行了系统模拟；对最严格水资源管理制度提出了改进建议，明确提出要增设水生态红线；对中国水价及水权交易进行了系统评估，提出了改革和改进建议；在对中国水生态及其保育机制进行评估的基础上，提出了强化水生态补偿机制的建议；在对中外洪涝风险管控体制机制对比的基础上，提出了建立中国特色洪涝保险制度、加强风险应对管理的建议；对PPP模式在水治理中的应用进行了客观评估，提出了审慎推进的建议；在对涉水法制进行系统评估的基础上，提出了流域立法和统一执法的建议；在对水管理体制回顾评价的基础上，提出了重点强化流域管理的建议；对水治理技术及信息系统进行了评估，提出了建立健全水治理信息系统的建议；构建了中国水治理体系框架，并设计出了中国水治理的政策工具箱。相信，这些意见和建议，对于进一步提升中国水治理能力与水平是大有裨益的。

　　水治理永远在路上。中国水治理的研究也永远在路上。中国水治理的认识论、方法论需要不断深化。让我们共同努力，以生态文明建设和绿色发展为契机，充分吸纳、集成各国各地治水好做法、好经验，持续、有效地提升中国水治理的能力与水平，并切实发挥中国在全球水治理体系中的参与者、贡献者作用。

序　言

世界银行东亚和太平洋地区副行长　Victoria Kwakwa

　　全球许多国家都在面对史无前例的水资源压力。按照当前人口增长和水资源开发利用的趋势预测，到2030年全世界将面临40%的需水量与供水量缺口。长期水短缺，水文不确定性增加与极端天气事件（水灾和旱灾）频发等已成为全球繁荣与稳定的一个主要风险。

　　为提高水安全，世界银行正在支持各成员国强化机构能力建设，加强信息管理和发展基础设施。为了更好地分配、管理和保护水资源，有必要应用法律和监管框架、合理的水价定价和激励机制等机构能力建设工具。充分的信息有助于合理监测、有效规划和在不确定性下条件下科学决策。为了提高水分生产率、节约和保护水资源、循环用水和开发利用非常规水源，增加水资源储备，还有必要加强现代基础设施和创新技术投资。

　　改革开放40年以来，中国经历了社会经济快速发展时期，从计划经济逐步转变为具有中国特色的市场经济。在过去十几年间，中国年均GDP增速接近百分之十，成为历史上可持续增速最快的大型经济体，已使8亿多人口脱贫。

　　水是实现中国经济可持续发展和生态文明的关键。作为世界第二大经济体和人口最多的国家，中国仅拥有世界淡水资源的6%，其人均水资源量为世界平均水平的1/4。为应对水挑战，仅在2017年中国政府水治理方面投资达到7176亿元人民币，并且仍将在应对水资源短缺、水污染和洪涝灾害等方面持续大量投入。

中国在经济快速崛起达到中高收入水平的同时，也面临着诸多生态环境方面的挑战。应对这些挑战，中国政府承诺实现增长模式的结构化调整，通过系列政策调控以确保可持续发展。这些政策措施与中国第十三个五年计划（2016~ 2020年）关于加快"生态文明"建设，和中国第十九次全国人民代表大会建设"美丽中国"的理念相呼应，体现了中国政府正视环境与社会发展不均衡，努力实现社会经济和生态环境协调发展。

在这些宏观背景下，为了实现生态文明建设的目标，充分反映社会对水资源价值的重新界定，有必要引入新的水治理理念，在应对水资源需求增长和资源短缺挑战的同时实现经济可持续发展。中国政府提出实行最严格的水资源管理制度，严守水资源开发利用控制，用水效率控制和水功能区限制纳污"三条红线"，这些政策为中国水治理提供了坚实的基础。

《中国水治理研究》成果是对中国水领域方面政策和制度改革的重要贡献。受益于世界银行和国务院发展研究中心长期有效的合作，此次合作充分提升中国经验，融合世界银行的全球知识，强化了支持社会经济可持续发展的水治理框架。同时，中国水资源开发利用和管理的经验对世界其他国家有着极其重要的借鉴意义，反映了中国在应对经济发展，消除贫困，保持和平与安全和可持续发展等全球性挑战方面所做出的努力。

世界银行感谢中国政府在水问题方面的长期合作，期待彼此合作更加深入，长远发展。

致　谢

本报告是中华人民共和国国务院发展研究中心和世界银行共同研究的成果，双方长期以来一直保持良好的合作关系。"中国水治理研究"的目标是为中国决策者提供详细的体制和政策建议，以支持水安全保障和可持续发展。本综合报告针对当前水综合治理框架，从法律、技术和体制等方面提出改进建议。报告建议进一步创新治水方式，既与生态文明建设目标一致，也满足在水资源短缺的情况下，平衡经济增长与用水需求增加之间矛盾的目的。同时，报告仔细审视了中国在高速发展中遇到的关键性水治理问题，力求为面临类似水挑战的其他国家提供相关经验。

本项研究是在世界银行Victoria Kwakwa（东亚和太平洋区域副行长）、陈广哲（水务全球发展实践局高级局长）和 Bert Hofman（中国局局长），中华人民共和国国务院发展研究中心王一鸣副主任及其他相关部委领导的领导下进行的，同时在项目指导委员会指导下开展具体工作。该指导委员会的成员包括：王一鸣（国务院发展研究中心）、陈广哲（世界银行）、Bert Hofman（世界银行），以及来自中华人民共和国水利部、自然资源部（原国土资源部）、财政部、住房和城乡建设部、农业农村部（原农业部）的官员。此外，报告中的政策建议部分经顾问委员会审核，该顾问委员会成员包括：王浩（中国水利水电科学研究院）、Jane Doolan（堪培拉大学）、傅伯杰（中国科学院）、Claudia Sadoff（世界银行）、夏青（中国环境科学研究院）、Patricia Mulroy（拉斯维加斯内华达大学）。本报告研究团队广泛征集了世界银行专家、中国政府官员以及从事水资源研究的非政府组织、大学代表的意见，并开展了充分的讨论，受益良多。

本综合报告在Sudipto Sarkar（水务全球发展实践局东亚和太平洋区域局长）和高世楫（国务院发展研究中心资源与环境政策研究所所长）的指导下，由世界银行和中方专家组成的联合编写组编写。世界银行专家组成员包括Marcus Wishart、Winston Yu、蒋礼平（课题负责人）、Scott Moore、Qi Tian、Regina Rossmann、Si Guo、谢丹、廖夏伟、董理腾、李安琪；中方专家组成员包括谷树忠（课题负责人）、高世楫、李维明、常纪文、陈健鹏、张亮、吴平、周宏春（国务院发展研究中心），李晶、钟玉秀、王亦宁（水利部发展研究中心），贾绍凤（中国科学院），以及王建华、丁留谦、赵勇等（中国水利水电科学研究院）。此外，联合编写组特别感谢Bert Hofman、Jennifer Sara、Ousmane Dione、Bekele Debele、Harold Bedoya、Richard Damania、Greg Browder、张喜明、Abedalrazq Khalil和Irene Bescos提出的建设性意见和建议。

本综合报告在15项专题研究的基础上，着重阐述世界银行和国务院发展研究中心共同识别的改革重点。这些专题研究分别由独立的团队完成，包括：专题一中国水治理的形势、目标与任务，由国务院发展研究中心资源与环境政策研究所团队完成（李维明、谷树忠负责）；专题二中国水安全态势评估与问题清单，由中国科学院地理科学和资源研究所团队完成（贾绍凤负责）；专题三促进中国的水质交易市场化的发展，由Willamette Partnership和世界资源研究所联合团队完成（Bobby Cochran负责）；专题四中国水短缺和红线的宏观经济影响—区域水资源CGE一体化模型研究结果，由国际粮食政策研究所中国项目团队完成（陈志钢负责）；专题五新时期最严格水资源管理制度和江河流域水量分配工作再审视，由中国水利水电科学研究院团队完成（王建华负责）；专题六水权确权及交易，由水利部发展研究中心团队完成（李晶负责）；专题七涉水投资成本效益分析的最佳方法，由北卡罗来纳大学完成（Mark Radin负责）；专题八水价、水税、水费政策及其实施，由水利部发展研究中心团队完成（钟玉秀负责）；专题九洪涝风险管理与洪涝保险，由中国水利水电科学研究院团队完成（丁留谦负责）；专题十中国水生态补偿与水生态治理研究，由中国水利水电科学研究院团队完成（赵勇负责）；专题十一水治理的法治化进程及其改进方案，由国务院发展研究中心资源与环境政策研究所团队完成（常纪文负责）；专题十二中国水治理的行政管理体制及其改革研究，由国务院发展研究中心资源与环境政策研究所团队完成（高世楫、陈健鹏负责）；专题十三中国水治理技术创新与信息平台建设，由国务院发展研究中心社会发展部团队完成（周宏春负责）；专题十四中国水治理引入PPP模式研究，由水利部发展研究中心团队完成（王亦宁负责）；专题十五中国水治理体系的综合研究与系统设计，由国务院发展研究中心资源与环境政策研究所团队完成（谷树忠、张亮负责）。李维明、焦晓东（国务院发展研究中心资源与环境政策研究所）做了文字及图表校对加工。

上述研究团队的专题报告和建议均经过顾问委员会和指导委员会的共同审查。这些专题报告重点讨论了中国水治理的一些关键议题，包括更为坚实的立法基础，强化流域层面管理机制，现有政策工具（如取水许可和排污许可）的进一步有效衔接，更好的信息和数据分享，以及生态系统适应能力的不断提升等。通过磋商和讨论，提出了15项主要政策建议。本综合报告即以这些建议为核心内容，报告各章均以一个重点领域为主题，根据各研究团队的研究结果，结合国际范例和最佳实践，对政策建议进行集中阐述。除本综合报告以外，国务院发展研究中心还撰写了一系列政策建议报告，并已在2018年3月召开的全国人民代表大会之前提交决策者参考；同时，部分研究成果（包括改进最严格水资源管理制度、积极稳妥推进水权改革、建立洪涝保险制度）由谷树忠以全国政协委员提案的形式提交给国务院有关部门决策参考，并获得积极回复。

目 录

专题报告

摘 要

从可持续发展的角度看，中国正进入一个新的时代。中国经济已经进入新常态，并朝着高质量发展迈进。2017年中国国内生产总值（GDP）增长了6.9%。服务业取代了制造业成为经济增长的主要推动力。中国在扶贫方面也继续取得显著进展。2013年，中国国家统计局开始采用一种新的综合方式收集家庭数据。根据这些新数据，按照每日1.90美元（购买力平价）计算，当年的贫困人数占1.9%，预计2018年将下降到0.5%。中国现在面临的最大挑战是实施必要的改革，以确保经济向附加值更高的产业转型，同时实施最严格的生态环境保护以实现可持续发展。一些领域目前已经取得了重大进展，但仍需深化改革，以提高私营部门、市场竞争和国内消费在推动生产率和绿色增长方面的作用。

高效的水治理体系是确保经济转型和实现可持续发展的体制保障。水资源短缺、污染和洪水威胁着中国的可持续发展进程。尽管中国是世界第二大经济体和人口最多的国家，但中国的淡水资源仅占世界的6%。用水效率较低，万元工业增加值用水量和农田灌溉水有效利用系数均远低于世界先进水平，水资源浪费严重。局部水资源过度开发，超过水资源可再生能力。一些大型城市面临严重缺水问题。水污染也进一步对经济、生态和健康造成威胁。根据《2017中国生态环境状况公报》，2017年约67%的地下水和32%的地表水监测点位未能达到基本的水质标准。过去40年间中国在供水和卫生设施改善方面取得了重大的进展，但基本供水服务覆盖方面仍存在差距，约七千万人口饮水安全问题有待改善。农村居民多数未能获得适当的污水处理服务。有效地应对这些复杂的水挑战亟须改进水治理方式，本报告提出了中国治水改革的前瞻性战略。

中国面临严峻的水挑战

中国在水治理基础设施方面投资可观且影响重大。中国建国以来，已经为更好管理水资源打下了引人瞩目的基础设施基础，形成了413679公里的堤防和98002座水库，可蓄水9000多亿立方米；所有主要江河流域都建立了防洪设施；农村供水工程5887万处，总受益人口8.12万亿人；水电装机容量（含抽水蓄能）达到3.41亿千瓦；在灌溉基础设施方面的重大

发展使中国能够用仅占全世界总量7%的耕地和6%的水资源养活世界22%的人口。这些成就的取得离不开巨大的公共投资：1991年至2010年期间，中国共投入2000多亿美元。中国中央政府对水治理的大量投入仍在继续，2017年水利投资达7176亿元人民币。尽管取得了这些重大成就，在水的数量和质量方面，中国仍然面临着严峻挑战。

水资源需求居高不下，用水效率偏低，水资源利用的可持续性有待提高。中国的人均水资源量仅为全球平均水平的28%。除生态环境用水量不足之外，快速城市化还推动各行业水需求不断增长。虽然工业用水量变化不大，但由于快速城市化缘故，生活用水不断提高，未来水资源总需求仍将持续保持高位。随着用水总量红线的持续管控，利用创新方法提高用水效率，用水总量可能保持整体下降态势。与此同时，根据《水污染防治行动计划》官方解读文件，中国用水效率偏低意味着较高的用水浪费。万元工业增加

值耗水量是中高等收入国家平均水平的两到三倍；灌溉用水的有效利用系数为 0.54，远低于中高等收入国家 0.7 ~ 0.8 的平均值。

水环境质量改善仍是一个长期过程。工业、农业和生活污染物排放对人类健康构成重大威胁。2015 年，全国化学需氧量排放量达到 2200 万吨，氨氮（氨）排放总量为 230 万吨，大大超出自然承载能力。2017 年，全国地表水国控断面中，仍有近十分之一（8.3%）丧失水体使用功能（劣于 V 类），30.3% 的监测湖泊（水库）呈轻度和中度富营养状态；全国 5100 个地下水水质监测点中，较差和极差级水质的比例占到 66.6%；全国 9 个重要海湾中，6 个水质为差或极差。预计未来，用水总量处于高位，废水排放量继续上升，农业源污染物和非常规水污染物快速增加，水污染从单一污染向复合型污染转变的态势进一步加剧，污染形势复杂化，防控难度加大。如不采取重大政策措施干预，水污染将形成沉重的经济和健康负担。事实上，近年来中国水污染治理力度空前加大，水质已经明显出现改善趋势。

城市化和巨大的用水需求给生态系统造成巨大压力。传统的城市化和工业化往往以牺牲自然栖息地为代价，并会严重破坏生态系统。由此造成湿地、海岸带、湖滨、河滨等自然生态空间不断减少，水源涵养等生态服务能力下降。例如，海河流域主要湿地面积减少了 83%。长江中下游的通江湖泊由 100 多个减少至仅剩洞庭湖和鄱阳湖，且持续萎缩。沿海湿地面积大幅度减少，近岸海域生物多样性降低，渔业资源衰退严重，自然岸线保有率不足 35%。此外，全国水土流失面积 295 万平方公里，约占国土面积的 30%。

干旱和局地水资源短缺困扰着中国的大部分地区。中国水资源时空分布不均，南方和西南地区水资源储量最为丰富。许多地区的降水量变化幅度也较大。中国能源基地水资源短缺尤为严重，能源化工的高用水量有超出当地供水量的风险。例如，我国大部分煤炭资源主要蕴藏在水资源比较短缺的地区，而煤化工项目普遍属高耗水项目，生产每千立方米天然气需要耗水约 5～6 吨，而生产一吨的油则要消耗近 10 吨水。有鉴于此，近期国家已开始大力规范能源化工产业发展。

安全供水和洪涝防控方面仍存在差距。中国中小城市和农村地区的供水、卫生和防洪基础设施建设仍不均衡。中国近 40 年来在改善供水方面取得了巨大的成就，多数人口安全饮水状况得到改善，但农村地区污水处理状况仍明显落后于城市，供水和卫生服务整体质量也有待提高，仅 64% 的农村地区具有良好的卫生设施。目前农村自来水普及率仅为 76%，2017 年全国地级及以上城市集中式生活饮用水水源监测断面（点位）仍有 9.5% 水质不达标。同时城乡安全供水能力仍显不足，部分城市水源单一，且易受污染和破坏。部分城市，尤其是特大城市供水系统超负荷运转。此外，水利部相关调查表明，仍有部分小型河流附近的城市防洪

设施存在不足。

中国正在进行水治理改革

中国水治理仍不同程度存在中央与地方的协调问题。除了中央层面的一系列政府水管理机构之外，水资源管理职能实际上大部分由省级和地方部门负责组织和实施。省、市、县各级通常设有水利厅（局），有时乡镇一级也有水利机构，各级水利厅（局）负责本辖区内水资源规划、水量分配、水资源利用、管理和保护，防洪以及水利基础设施建设和服务。这些都需要与所在流域的水资源开发利用与保护整体规划相衔接。除设置水利厅（局）外，同时也设有各级环境保护厅（局），负责污染防治法规的监督和执行。在 2018 年机构改革之前，这两类机构在水污染防治方面存在一定程度职能交叉。除按行政层级组建的这些机构外，流域管理机构同时履行一系列水资源开发、利用、管理与保护的职能，包括流域层面的综合规划、水资源水环

境保护以及流域防汛抗旱工作等。尽管有这么多的机构，中央制定的水资源管理政策和法规在地方层面上的实施并不均衡，在某些情况下，相邻地区合作解决污染和防洪等问题的意愿不足。

中国已经启动了一系列有效的改革，以应对这些与水相关的技术和体制挑战。尤其是近年来，中国开展了一系列改革试点，旨在应对水资源短缺、水污染、水生态退化，以及洪旱风险及其影响加剧等诸多水领域的挑战。2012 年，国务院发布了关于实行最严格水资源管理制度的意见，确立了三个主要控制目标（即"三条红线"）：水资源开发和利用控制、用水效率控制、水功能区污染控制。为加强水污染控制，国务院于 2015 年发布了"水污染防治行动计划"（即"水十条"）。中国还试行了创新性经济措施，包括水权和排污权交易试点。此外，中国还实施了"河（湖）长制"，该制度是一个河流、湖泊重要的管理制度创新，明确要求每个主要湖泊和河段都由一个地方政府的高级官员负责。

中国已意识到水对社会环境质量的重要作用。2012 年中共十八大以来，生态文明建设已成为各级政府的工作重点之一，对资源管理、环境治理和生态保护给予高度重视。2017 年 10 月召开的中共十九大进一步强调了建设美丽中国，以满足日益增长的、改善环境质量的公共需求。值得注意的是，2018 年 3 月国务院宣布了一项重要的机构改革计划，大刀阔斧地调整生态保护和自然资源管理等机构设置与职能配置。这次改革的重点是坚定不移地消除妨碍资源与环境高效管理的体制障碍，包括设立生态环境部、自然资源部，优化水利部和其他相关部委的职能等。这些改革举措的出台，再一次显示了中国政府在自然资源可持续利用和生态环境保护方面的决心。

机构改革是一个持续的过程。尽管进行了这些改革，并于 2018 年 3 月宣布了中央政府机构的重组，进一步整合了涉水管理职能，但中国的水治理仍存在体制方面的一些不足，有待在今后的体制改革进程中不断完善，包括加强中央和地方政府、用水户群体等主要利益相关方之间的协调、沟通并形成共识；一些关键机构，如流域管理机构，其角色和职责还需进行再思考和调整。近期的这些改革促使中国对治水体制进行了广泛反思。

中国治水战略展望

为了应对水资源挑战，中国需要开展五项治水改革重点工作。第一，中国需要修订与水有关的法律法规，进一步加强水治理的法律基础。其中包括修订现行的《水法》，以反映当前的挑战，并加强现有《水污染防治法》的执行。第二，应提升现有国家和流域层面治水机构的地位和责任，扩大其生态系统保护方面的作用。各机构、辖区和部门之间政策协调的重点还有必要进一步明确。第三，现有的经济政策工具，特别是水权交易等

机制，应该在适当的情况下加以改进和推广，另外也需要积累更多经验证据来评估这些工具的有效性。第四，人类和生态系统需要进一步提升适应能力，以应对未来的威胁和挑战。其中包括更多采用绿色基础设施管理洪水、试行水污染物排放许可交易和其他金融机制减少面源污染等。第五，需要加强数据和信息共享，以便最大限度地提高中国治水决策的能力与水平，确保其科学性及公众参与度。建立国家水信息共享平台将有助于促进各机构之间的协调与合作，支持水行业的创新。

关于改进中国水治理的政策建议

重点一：强化水治理的法律基础。近期中国开展了一系列水领域改革，但在现有法律中尚未得到充分反映。将近期的改革和主要政策纳入相关法律中，将向地方官员和企业发出严肃执法的强有力政策信号。加强水治理的立法基础，中国尚需采取若

干步骤：

——进一步修订《水法》。立法是许多国家治水的基础。在不同用途之间以及上下游用户之间分配水资源具有很大的挑战性，因此世界许多地方的水法都较为复杂。为此，应通过《水法》明确水量分配原则、分配方式、分配机构以及其他相关问题。《水法》是中国依法治水的基础。自中国《水法》最近一次修订以来，中国颁布了许多重要的法规和政策，在某种程度上可以说重塑了中国水资源管理的框架，实现了水治理理念和重点的转变。因此，应该相应地及时修订《水法》，充分反映中国水治理中最新出现的政策和制度。

《水法》的修订应该做到：①充分反映生态文明体制改革的治水目标和要求，充分体现水治理基本方略。②建立明确的体制机制，包括通过河（湖）长制，解决跨辖区水污染治理问题。③加强与其他法律条款的衔接，如与《环境保护法》《水污染防治法》《水土保持法》《防洪法》的衔接。

④进一步改进、完善和强化流域管理体制，优化流域管理机构的监管职能，为流域管理提供体制基础。⑤为涉水数据信息共享提供明确的法律依据。⑥明确现有机构如水利部与新成立的生态环境部、自然资源部之间职责与分工，包括明确水污染防治行动计划、最严格水资源管理制度实施及生态文明建设试点等方面的相互关系。尽管修订《水法》的需求明确，但如何进行修订还存在诸多方案，且相关支撑法律条款也应该进行相应修订。

——强化水质标准实施。和许多国家一样，中国解决水污染问题最重要的手段，是通过法律和监管性规定来明确水质标准以及不达标的处罚规定。这些规定是控制企业等点源污染的重要手段。中国已经确定了水质标准的各项指标，包括针对地表水、地下水水质的指标，如温度、氨氮、化学需氧量等，以及针对各行业的污水排放标准，例如钢铁制造和采矿业排污标准。水污染防治行动计划、最严格的水资源管理制度等政策和规定，进一步明确立了严格的水质标准。然而，标准的执行仍面临诸多挑战，加强现有水质标准的执行仍有必要考虑多种方式。现行的执行方式包括：增大罚款力度，公开违规城市和企业名录，以及将地方官员升迁与水质达标关联起来。上述每种方式都应作为整体策略的一部分并予以强化。

——确立和强化政府和社会资本合作模式（PPP）在水行业中的作用。通过开展公私合作，中国水行业已成为世界上最重要、最活跃的水市场之一。自20世纪90年代以来，中国在全球水行业PPP项目总数中所占比例很大。1990～2017年，中国启动了约511个水行业PPP项目，多涉及废水处理和城市供水。2013年，中共十八届三中全会发布的全面深化改革方案提出"面向市场的关键性转变"，其中PPP方式成为筹措资金的重要来源，预期将在水利基础设施建设发挥更加重要的作用。政府目前已经确定了水行业公私合作投资的优先领域，包括大坝建设、城市供水和水污染控制等。若干重要条例的颁布，包括国务院2014年发布的一系列指导意见，

以及中国财政部和中国人民银行制定的指导性文件，成为公私合作的基本框架。财政部还建立了国家PPP项目中心，以提供政策研究、建议、培训支持及机构间的协调。这样的监管框架表明，PPP模式不仅要有助于建立一个更强大、更多样化的融资基础，还要改善公共、私营部门和民间团体之间的协作，以促进政策目标的实现。要充分发挥这些潜力，系统梳理和进一步加强有关公私合作的现有规定十分必要。系统梳理现有监管框架并形成法律体系，向私营部门从业者发出明确信号，使其充分意识到水资源行业PPP项目的机遇。系统梳理相关重要政策及规定，包括国务院2014年发布的指导意见、国家发展和改革委员会（发改委）2014年发布的《关于开展政府和社会资本合作的指导意见》以及发改委和财政部等机构发布的诸多政策规定，纳入统一的监管规定或立法中，将有助于进一步改善私营行业参与水资源行业的制度环境。通过强化具体规定，例如将世界银行国际投资争端解决中心（ICSID）建议的标准争端解决制度纳入规定，也可以

进一步鼓励公私合作扩大规模。这些改革可以通过制定单独的《政府和社会资本合作法》（目前正在制定中）实现。据悉，财政部近期对 PPP 项目进行了清理和规范。

重点二：加强国家和流域层面的水治理。水资源治理面临的一个根本性挑战是,许多问题本身就跨行政区,例如水资源、水环境和水生态更多的是以流域为自然边界,而非行政辖区。政策目标的实现,如"三条红线",需要更多跨领域的政策协调。例如,上游水土流失控制,农业化肥使用管理,以及对牧场的管理等都对下游水质目标能否实现有影响。强化国家和流域机构可以有助于缓解协调方面存在的问题,并且促进横向（跨部门）和纵向（跨行政层级）合作。

——加强国家层面的水治理统筹协调。本次机构改革之前,中国的水治理体系涉及多个中央政府部门以及省级和地方政府机构,主要包括水利、环保、住建、农业、国土资源、发改和财政等部门。每个机构都各负其责,

但它们的责任并不总是相互协调。例如,从历史上看,由于相关职责分散在水利部和原环境保护部之间,有关政策难以对水污染情况做出及时响应。2018 年 3 月最近一轮政府机构改革后,水污染治理相关职责转移至新成立的生态环境部,预计可一定程度上解决这一问题。尽管如此,中国如能建立一个高层次的、跨部门协调机制,则将更有利于其开展治水工作,建议该机制由与水治理相关的主要部委代表组成,主要职能包括：确定国家战略重点并指导地方政府,协调政策一致性,针对关键的水政策问题推动相关各方达成共识,指导流域委员会。该协调机构可以采取的组织形式有多种选择,包括理事会、委员会、特设工作组或联席会议平台等,所有的监管和行政职能仍属于各部委。上述机构也将有助于指导流域委员会相应的改革,以改善政策协调。

——改进强化流域管理。迄今为止,水资源管理的一个较为切实可行的原则是,至少在一定程度上沿流域边界而非行政管理边界组建水治理机

构。这种方法值得提倡的原因是，它能同时应对水资源分配、水污染、防洪及通航等方面的问题。流域机构能否充分发挥其功能，取决于其创立的环境和目的。加强流域治理有多种体制模式可以选用，这些模式并不一定需要涵盖所有职能。经验和研究表明，尽管创建涵盖整个流域的机构通常很有价值，但这些机构往往面临权力、自主权、资源和合法性等方面的实际障碍。许多研究报告强调，这些机构需要通过吸纳不同的利益相关方团体，并在流域管理组织、中央和地方政府以及在子流域层面的较小组织之间建立联系，以发挥其引导作用。中国已在7个主要江河流域建立了流域委员会，或称为流域水利委员会。此外，法律也确立以流域为规划单位。建立这些委员会的主要目的是保障流域水资源的合理开发利用。由于这些流域委员会是作为水利部的直属机构设立的，并没有设置地方政府或相关部门的代表，且缺乏足够的权能统筹协调相关流域管理问题。

下述五项关键改革措施将有助中国重新构建流域管理机构，使之更能有效发挥作用：①相对于现有省、市、县级的行政管辖权，应通过立法进一步明确流域管理机构的角色和职责。②应重新考虑各部委和各机构在流域管理机构中的代表性，以确保其能够有效处理流域内（目前和未来）与水有关的诸项问题。③各部委的作用和职责应更加明晰，特别是在水量、水质和环境健康综合管理方面，尤其要加强新成立的生态环境部与自然资源部的涉水功能协调。④各流域管理机构还可以建立相关执行机构，以落实重要政策决定、支持规划工作并提供技术支持，同时与子流域管理机构或其他决策机构合作，确保地方层面能更好地实施水治理政策。⑤流域管理机构应该更加兼容并蓄、承担整体流域层面的治水职责，发挥公共平台作用，应对重要水问题，平衡不同辖区间水治理职责和责任。这些改革可以通过试点方法进行，可选择一子流域进行初步实施，也可以通过修订《水法》或通过制定单独的国家流域管理法来实现。

——在流域管理机构中充分发挥省级河（湖）长的作用。2016年12月，中国政府采取了一项重要举措，为国内主要河流协调管理建立了一项新制度，即"河长制"，后来又扩展到各主要湖泊，建立了"湖长制"。该制度明确建立省、市、县、乡四级河长，部分地区还有村级河长。每一主要河段和湖泊均有地方高级官员负责，河（湖）长的主要职责是水资源保护、水域岸线管理、水污染防治、水环境治理、水生态修复等。省级河（湖）长在协调跨省界水问题时发挥着重要作用。在流域机构中充分发挥省级河（湖）长的作用，将有助于推进"河长制"和"湖长制"的有效实施，为共同关注的事项达成一致提供平台，同时有利于涉水数据共享，促进更有效地决策。纳入"河长"及"湖长"还可以增强流域机构自身的权威与效能，特别是通过吸收省级政策制定者的意见，可进一步增强协同治水的能力与水平。

重点三：优化和完善经济政策工具。中国雄心勃勃的政策改革创造了多种（有时甚至重叠的）经济政策工具，只有进一步统筹使用，才能发挥这些工具的更大效能。中国对用水户采取不同的价格、税费，以促进外部性内部化，进而鼓励节约、回收成本。目前正在试行的一些政策（例如分级定价、水权交易），可以进一步结合国际经验加以推广。然而，这些工具的有效性还需要进一步观察，并加以改进和完善。

——扩大经济政策工具的使用，促进水资源可持续利用。在可能用来促进可持续用水的工具中，没有哪一种比得上水价机制及其他经济政策工具。联合国水资源高级别工作组（UN HLPW）充分肯定水价机制在水资源管理中的关键作用，并在2018年总结报告中指出，"水资源的准确定价是提升水资源管理的基石"，"对水或水服务适当定价，是认识水资源价值的至关重要的方式"（HLPW，2018）。水价机制的影响力在于它能向用水户发出明确的信号，表明水资源的稀缺价值以及保护水资源的重要性。合理的水价机制有助于促进水从低价值向高价值用途重新分配，例如从灌溉用水向工业用水的重新分配；同时合理的水价也是实现供水成本（包括基础设施资本成本和运营维护成本）回收的重要来源。然而，全球范围内的水价仍普遍过低，尚难以实现这些目标。在利用价格等经济政策工具实现水政策目标方面，中国取得了很大成就。2013年11月中共十八届三中全会通过《中共中央关于全面深化改革若干重大问题的决定》，明确提出了要"处理好政府和市场的关系，使市场在资源配置中起决定性作用和更好发挥政府作用"。此后，中国运用了一系列经济政策工具，促进水资源的可持续利用，包括通过水价改革（例如阶梯水价、不同水源的差别水费）促进节水和水权交易，推动水资源保护，优化水资源配置，发挥水资源最大效用。这些改革措施总体上是正确的，并在一定程度上也代表着全球模式，其实施范围应予以扩大。但在推广之前，还需要对其有效性进行进一步分析，包括在生态文明建设大背景下，对水的价值进行有效评价，通过详细的实证分析确定当前定价结

构和政策是否达到预期效果（如减少用水、遏制地下水超采、成本回收率和经费可持续性等）。要实现"三条红线"等水资源管理政策目标，还要继续开展试点工作。在某些情况下，可以结合水价、水税等工具，提高水资源有偿使用水平，实现更高的成本回收率，特别是针对农业领域。应系统解决好各类水价间的关系，特别是供水水价与用户终端水价的关系、各类终端用水的比价关系、不同季节间的差价关系、传统水源与非传统水源的比价关系等。

——增强"三条红线"的有效性。中国目前的水治理体系中最重要的部分即"最严格的水资源管理制度"，或称"三条红线"。该制度的核心内容包括总用水量控制红线、最低用水效率控制红线以及水功能区污染物负荷控制红线。在中国水资源分级管理体制内，国家控制指标已逐级分解落实至省、市、县级行政区。控制目标设定的主要依据是全国水资源综合规划。2014年建立了最严格水资源管理制度考核评价体系，衡量在四项关键

指标方面的进展，包括用水总量、工业用水效率、农业用水效率以及重要江河湖泊水功能区水质达标率。2016年，该体系中又增加了两个指标：单位 GDP 用水量和重要水功能区污染物总量减排量。

建议今后从以下四个方面完善目标制定流程：①实际耗水量（而不仅仅是取水量）也需要设定相应的控制目标，作为水量许可和控制的依据。这一控制目标的制定可以利用遥感技术进行辅助（相关试点工作在中国吐鲁番和其他区域已经开展）。②在制订与完善目标时，应进一步征求相关部门的意见，包括生态环境部、自然资源部等，以均衡地考虑居民生活用水、生产用水和生态环境用水；同时，目标制定流程应调动多个用水者和利益相关方的参与，以确保目标统一和责任分担。③针对不同地域、不同作物、不同种植制度等，应科学测算灌溉效率和定额，加强灌溉科学指导和用水监测，提高灌溉用水效率。④在水权交易的背景下，可以在取水量上限（由耗水量上限确定）方面给予更

大的灵活性。也就是说，地方层面的目标可以作为既定的上限，并允许水权持有人与其他主体进行交易。通过此类交易，可以将实现国家总体目标的合规成本降到最低水平。这种做法还有助于更好地利用中国现有的试点成果，并逐步在全国范围内建立起水权交易体系。

——统筹考虑取水许可与排污许可。同许多其他国家一样，中国主要通过向用水户发放取水许可证来控制取水（或抽水）。取水许可有效期通常为 5 年，一般不超过 10 年，有效期届满前，许可证持有人可申请修改许可条件，包括允许取水数量或目的。与取水许可的情况类似，中国自 20 世纪 80 年代末开始在部分地区建立排污许可证制度，未获得许可禁止向水道排放污染物。2017 年，环境保护部开始在全国范围内扩大和加强实施污染物排放许可制度，要求 82 个指定行业的所有固定污染源排放需申请许可。中国国内采用两种许可制度，分别用于取水许可和排污许可。通过将用水许可与排污许可制度关联，中国可以

增强控制水污染和总耗水量的行政管理和监管能力。例如，如果一家企业的排污量超出了其许可证允许的限额，这种违规将可能引发对其取水权（许可）的限制（除了对其罚款或限制其排污以外）。目前，很多企业屡屡超许可限额违规排污，它们要么无视罚款，要么把罚款当作微不足道的代价。上述双重惩罚可向这样的企业发出明确信号，为从水量和水质两方面改善中国水治理提供约束与激励并重要机制。制定相关规定明确将这两种制度关联，还可进一步推动污染和用水控制。

重点四：加强对气候变化和环境变化的适应能力。宏观压力，包括不断城市化和气候变化的压力，要求中国的政策制定者提升人民和水生态系统对洪水、干旱和其他形式环境变化的适应能力。尽管干旱可能会继续给中国部分地区带来巨大的经济成本，但考虑到中国的快速城市化，以及处于沿海和内陆洪灾风险之下的人口持续增加，未来洪水可能是一个更大的挑战。与此同时，为维持水生生态系统功能及其服务，包括水的净化功能等，还必须进行额外投资。中国目前的水治理框架面临着两个重大挑战：维护生态系统服务和应对面源污染（特别是农业污染源污染）。全面应对这两个挑战，对于中国实现改善水生态环境的政策目标至关重要，也需要中央及地方政府部门共同努力并充分协调。

——加强对洪水的适应能力建设。长期以来，防洪一直是中国水治理的首要任务，中国在降低洪水风险及其危害方面取得了相当大成功。在过去 70 年里，约有 4700 万公顷土地和 5 亿人口受到了防洪保护，每年因洪水造成的死亡人数，已从 20 世纪 50 年代的 9000 人左右，减少到 21 世纪初的 1500 人左右。仅在 20 世纪 90 年代到 21 世纪初这一时期，中国对防洪基础设施的总体投资就增长了四倍以上。这样的进展大多建立在综合防洪体系建设基础之上，其中包括基础设施建设、预警系统建设以及紧密协调的洪水应急响应机制建设，包括中央、流域、省、市和县级各层的灾害应急指挥部。于 1997 年颁布、2005年修订的《防洪法》将某些地区认定为防洪区，并要求当地政府制定适当的洪水管理计划。因此，重点工作之一即将天气预报和预测纳入决策支持系统，使地方官员能够对洪水预报的紧急情况做出更迅速的响应，这有助于进一步提高防洪抗旱指挥部的能力。此外还开辟了蓄滞洪区 98 处，并制定了完整的水库大坝运行和疏散方案。中国采用了大量的工程和非工程措施防治洪水，在许多地区很大程度上消除了灾难性洪水的风险。

为了进一步提高洪水适应力，更加广泛地采用洪水风险综合管理十分必要。中国应该：①在防洪中进一步应用绿色管理方式，如使用滞洪盆地、蓄洪含水层和天然湿地等；②强化洪水风险管理的法律保障；③建立和推广全国范围的洪水保险制度。这些措施将有助于进一步提升洪水防御能力，以适应气候变化、城市化和其他宏观变化带来的洪水风险。

——探索制定生态流量的红线目标。尽管"三条红线"包括了重要的水质目标，但这些目标并不能完全覆盖更广泛的生态系统功能以及水文需求。生态系统提供重要的生态服务，为人类社会和经济发展发挥重大作用，包括净化调节水流、造氧、形成和保持土壤、供应食物、提供动植物和微生物栖息地、提供休闲功能等。例如，2008 年的一项研究表明，深圳市湿地及水系在蓄滞水源、净化水体等方面产生的效益高达 1 亿元人民币；2015年的另一项研究则表明，北京市密云区的这一数字达 6000 万元人民币。然而遗憾的是，两项研究均表明，城镇化发展及相应的湿地和水系破坏，已大大减少这些生态功能及其价值。因此，新的生态目标的设定应充分考虑这些重要的生态系统功能价值。

用河流和湖泊健康指数这样的指标，可以涵盖更多种类的生态用水需求。为确保满足该需求，中国可在制定新的红线目标或者建立单独机制这两种方法中进行选择。一种途径是强化现有法律规定，即水量分配要充分考虑生态用水需求。这一改革可以通过修订《水法》来实现。《水法》目前只涉及生态流量，而不是更为广泛的生态用水需求。第二种途径是借鉴澳大利亚联邦环境用水持有者机构的模式，建立专门机构界定和保存生态需水量。通过立法或修改中国水权制度的各项规定，可建立中国版的生态用水持有者机构。以上两种方式中的任何一种都可以纳入"三条红线"控制目标设定体系，以确保满足生态用水需求。

——加强对面源污染的政策关注。在加强点源污染法规的执行方面，中国取得了重大进展，并扩大了对污水的处理。然而，面源污染仍然是一个重大挑战。由于面源污染的分散程度高，监管、监控和降低面源污染就更具挑战性。此外，管理面源污染通常需要对耕作和土地管理方式进行重大改革，这往往超出水资源管理机构的职权范围。1991年至2008年，中国年均合成氮肥使用量增长近51%，而农药使用增幅更是达到惊人的120%，由此产生的面源污染可见一斑。由于中国对农业增产采用了补贴加政策扶持的做法，很大程度上促进了农药及化肥使用的迅猛增长，进而造成有机污染骤增的不利影响。

中国政府在最近的政策改革中，开始积极尝试解决这些面源污染的问题。2015年，农业部宣布将大力推广化肥减量提效、农药减量控害，并分别制定了到2020年化肥和农药使用量零增长行动方案。由国务院组织12个部委制定的《水污染防治行动计划》具有划时代的意义，该计划推进农村面源污染控制，制定实施全国农业面源污染综合防治方案，并囊括了一系列控制农业面源污染的措施。尽管这些措施十分重要，但由于目前面源污染的严重性，中国需要采取更加积极、深入的政策。

为此，针对面源污染治理，建议重点采取五项措施：①开展水质交易试点，以此激励水污染治理、降低水质达标成本；②提升环境水质，帮助企业及地方政府完成水质达标任务；③开展面源污染治理的政策研究，特别是在农村地区；④试点开展流域污染物排放总量管理，以降低水污染威胁与风险；⑤创新融资机制，如生态补偿、生态环境服务付费或水基金等，以提供资金支持自然设施替代传统水处理方式。第一种方法已经取得了成功，尤其是在美国；作为推动面源污染治理进步的一种尝试，任一种方法都值得进一步考虑。

重点五：加强涉水数据收集和信息共享。中国在收集和监测水资源水环境数据方面已具备很强的技术能力。尽管已经收集了丰富的数据，中国还需要进一步加强数据分享（特别是在政府机构之间），并更好地用于支持决策，建立更多激励机制，鼓励跨部委和跨流域数据分享。面向新时代中国水治理的目标与要求，水利部、生态环境部、自然资源部等有关部门之间还需要进一步切实推进数据共享机制建设，建立全国、流域、区域层次的水数据信息系统，确保水数据信息的完整、可靠、一致。建设开放式的数据平台还有助于跨部门协调及合作，对水资源人才培养、技术创新及科学研究都将发挥支撑作用。

——完善数据收集和共享的法律框架。在水治理领域，高质量数据的收集和共享十分重要，这一点得到了广泛的认可。由于气候及其他环境变化造成水资源量变化，向各利益相关方开放数据，包括用水者团体及政策制定者，显得尤为重要。联合国水资源高级别工作组（HLPW）2018 年 3 月的报告指出，水资源数据的开放是提升全球水资源管理的先决条件。工作组还制定了《水资源数据管理良好做法指导意见》，明确了水资源数据管理政策的七大要素：①制定水资源管理的优先目标；②建设水资源数据机制；③建立可持续的水资源数据监测系统；④采用水资源数据标准；⑤采用开放式的数据使用方式；⑥建立高效的水资源数据信息系统；⑦实施水资源数据质量管理。要实施这些原则并形成具有连贯性的水资源数据管理政策，通常需要进行一些改革，而立法是实现这一目标的基础。

目前，各政府部门及机构收集的水资源相关数据仅供内部分析使用，重要的数据时常无法在机构间共享，这对中国采取综合方式应对水挑战极其不利。收集和分享水数据，制定数据收集的标准和关键参数，以明确收集哪些数据、由谁收集，都需要有强有力的、明确的立法授权。通过立法方式强制水治理部门之间进行水数据共享，并通过合适的方式向公众公布数据。这些在《水法》和相关法规修订时应予以充分考虑。

——建立国家涉水信息共享平台。开放水数据可以提高水交易市场效率，改进可用水量预测，促使政府机构和利益相关方开展更有效的合作，并能使政策制定者对水资源管理面临的挑战和可行解决方案有更全面的认识。目前，数据被分开存储在若干数据管理系统中，而不是集中在一处。建立统一的国家水信息共享平台十分必要，收集有关水数据的政府机构应该有义务通过该平台分享数据。该平台作为门户需保持开放和实时更新，这样也有望改善洪旱灾害治理。该数据平台还应与水利部、自然资源部、生态环境部的数据库充分整合。

——提升公众意识并鼓励公众参与。中国的水治理对监管和行政措施依赖度很高。尽管这种方式在防洪等方面取得了很好效果，却未能充分调动所有利益相关方参与，包括非政府组织、私营企业等的参与。发动利益相关方参与，是解决复杂水治理问题所必需的。公众参与有助于缓解水质监测的压力，这一工作过去一直是中国地方环保部门的工作难点。以下几项改革将有助于增进公众在中国水治理体系中的参与：①明确保障公众对水相关数据和信息的"知情权"。充分的数据和信息共享可以帮助减少政策实施的交易成本，并提高政策效果。②赋予公众（包括公民个人和非政府组织）享有通过听证会或意见征询等方式参与水决策的权力。例如，政府应继续加强用水者协会的工作。这一权利应通过修订相关立法来确保，包括《水法》等。③应该建立更具体的机制，征求公众个人的选择、建议和投诉，并由水治理机构充分考虑。比如，可采用在线或基于网络应用平台的形式，使用水者能快速、匿名地报告重大水污染事件等。④应充分利用"水效领跑者行动"，作为促进公共和私营部门节水的一种手段。这些改革对实现节水型社会建设将发挥支撑作用，但实现这一目标还需要广泛提升公众意识。

总之，中国领导层已充分认识到有效的水治理对实现可持续发展至关重要。现有的法律、机构和政策等已经有效地缓解了水资源短缺和洪水风险，并已开始着手解决严重的水污染和水生态退化问题。但是，由于水资源总量有限、过度开发、污染严重等问题，水问题依然威胁着中国发展战略的实施。为实现新治水策略的既定目标，中国需要在国家和区域层面实施综合水治理，提供更多生态用水，充分利用市场机制推动可持续用水，采用革新的方式解决水污染问题。本报告提出的这些措施共同构成了一项新的水治理策略，协助中国向经济高质量发展不断迈进。同时，上述水治理策略也可以为其他国家提供有益的经验和可复制的模式，以应对21世纪水资源可持续利用的新挑战。

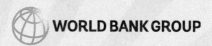

总 报 告

第1章 前 言

1.1 中国历来高度重视治水并取得巨大成就

历史证明，良好的水治理对中国经济发展和社会政治稳定至关重要。自古以来，中国人就把治水当作头等大事对待。健全的水治理一直是中国经济繁荣的基础，也是国家治理的基础。大规模水利工程在维护中华民族团结和推动中国发展方面发挥了重要作用。在中国，高度重视防洪和灌溉，成立管水机构，并为灌溉和水利修史编志，是始自大禹的一项传统，历代王朝也都承袭。中国古代著名官员、哲学家管仲曾说过："善为国者，必先除其五害……五害之属，水为最大……水妄行则伤人，伤人则困，困则轻法，轻法则难治，难治则不孝，不孝则不臣矣。"

这种治水的严肃态度已经延续到现代。2011年，中国政府在其用来概括最重要政策要点的文件"一号文件"中提出："水是生命之源、生产之要、生态之基。兴水利、除水害，事关人类生存、经济发展、社会进步，历来是治国安邦的大事。促进经济长期平稳较快发展和社会和谐稳定……必须下决心……实现水资源可持续利用。"2017年10月中共第十九届全国代表大会上，习近平主席重申了环境问题的重要性，并承诺将进一步加强中国的生态保护和环境监管。之后，自然资源部和生态环境部于2018年3月成立。中国水治理的改善可以极大地促进国家和地区的水安全、经济和社会的可持续发展，推进中国国家治理体系与治理能力现代化建设。

中国的水治理制度环境复杂。中国水行业庞大而复杂。在2018年3月启动国务院机构改革之前，至少有9个部级机构涉及水治理的不同方面。这些机构包括：农业部、住房和城乡建设部、国土资源部、卫生部、交通运输部、财政部和国家林业局，以及两个最重要的部门：水利部和环境保护部，水利部负责指导水资源开发利用、供水保障、防洪和大型水利基础设施管理，环境保护部负责水污染防治和环境用水事宜①。之后于2018年3月，水利部重组，自然资源部和生态环境部组建。这些改革是为了加强各机构的权威，并明晰以前分散在不同部门的治水职能。

中国在水资源管理和基础设施建

_____

① http://www.gov.cn/guowuyuan/zuzhi.html.

设方面投资可观且影响重大。自建国以来，为更好管理水资源，中国在基础设施建设方面开展了大量工作，取得举世瞩目的成绩：建成堤防413679公里、水库98002多座，可蓄水9000多亿立方米；所有主要江河流域都建立了防洪设施；农民供水工程5887万处，总受益人口8.12亿人；水电装机容量达到3.41亿千瓦；灌溉基础设施建设的重大发展使中国能够用仅占全世界7%的耕地和6%的水资源养活了世界22%的人口。巨额公共投资是这一切得以实现的根本原因，其中1991～2010年中国共投入2000多亿美元。中国中央政府对水资源管理的大量投入仍在继续，仅2017年就落实水利投资7176亿元。尽管取得了这些重大成就，在水量和水质方面，中国仍然面临着严峻挑战。

1.2　中国面临严峻的水挑战

需水量持续高位，用水效率仍然偏低。中国人均水资源量仅为全球平均水平的28%。除生态环境用水资源量不足之外，快速城市化和工业化推动所有行业用水需求不断增长。以生活用水为例，受快速城市化影响，其增速接近过去的两倍，约为每年2.5%（见图1.1）。与此同时，随着中国不断扩大有效灌溉面积，农业用水量将可能增加。尽管目前中国经济已经进入新常态，会在一定程度上减缓水资源安全压力，但长期刚性缺水的现象仍将普遍存在。此外，低效用水意味着水资源浪费。中国万元工业增加值耗水量是中高等收入国家平均水平的两到三倍；灌溉用水有效利用系数为0.54，远低于中高等收入国家0.7～0.8

的平均值[①]。

地下水超采威胁着中国北方的水安全。长期大规模抽取地下水会导致地下水位显著下降，也是地面沉降的主要原因。在全球范围内，美国曼谷、雅加达、墨西哥城和休斯敦–加尔维斯敦等许多大城市由于地下水资源的过度开采，面临着严重的地面沉降威胁。在中国，地下水在北方地区发挥着重要作用，但许多地区的地下水资源被过度开发，特别是在华北地

---

① 中国生态环境部–水污染防治计划出台背景，http://www.mee.gov.cn/home/ztbd/rdzl/swrfzjh/ctbj/201505/t20150529_302579.shtml。

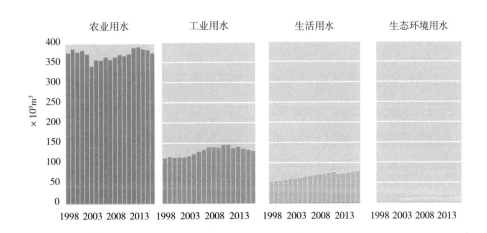

图1.1 中国各行业年用水变化（1998～2016）

资料来源：水利部。

区。地下水的过度开发引起了严重的生态环境问题，包括地面沉降、河道断流、海水入侵和地表水体干涸等。例如，河北省曾严重依赖地下水供水。在过去的30多年，地下水超采量累计达到1500多亿立方米，形成了中国最大的地下水漏斗区，其面积达67000多平方公里。为应对地下水超采问题，河北省于2014启动了地下水超采综合治理工作。通过开源节流、价格杠杆等综合措施，河北省地下水超采情况不断改善，2014年至2016年间浅层和深层地下水水位分别上升了0.58米和0.70米。

改善水质仍是一个长期过程，需要长期投资。工业、农业和生活污染物排放对人类健康构成重大威胁。2015年，全国化学需氧量（COD）消耗性污染物排放量达到2200万吨，氨氮（氨）排放总量为230万吨，大大超出环境容量（中国环境统计年鉴2017）。根据《2017中国生态环境状况公报》，在主要水道的监测区段，近十分之一（8.3%）的被检水样为最低等级。此外，30.3%的主要湖泊和水库受到富营养化的影响。5100个地下水水质监测点中，水质被评为差或极差的占66.6%，这意味着公共健康面临的重大风险。在9个主要的海湾或入海口中，6个的水质被评定为差或极差。预计未来，用水总量处于高位，废水排放量继续上升，农业源污染物和非常规水污染物快速增加，水污染从单一污染向复合型污染转变的态势进一步加剧，污染形势复杂化，防控难度加大。如不采取重大政策措施干预，水污染会形成沉重的经济和健康损失，至少会占到当年GDP的2.3%（Xie et al.，2008）。事实上，近年来，中国水污染治理力度空前加大，水质已经明显出现改善趋势。

城市化和巨大的用水需求给生态系统造成巨大压力。传统城市化往往以牺牲自然栖息地为代价，并会严重破坏生态系统。湿地、海岸线、湖泊和河岸等自然生态系统规模不断缩小，降低了许多水道提供诸如防洪、蓄滞洪等生态系统服务的能力。例如，三江平原湿地已从1949年的50000平方公里减少到目前的约9000平方公里，而海河流域的主要湿地面积则减少了约83%（《水污染防治行动计划》官方解读）。随着沿海湿地面积显著减少，近海沿岸区域生物多样性也在急剧减少，给近海渔业造成严重损害。目前自然海岸线保有率不及35%。另外，受水土流失影响的地区达295万平方公里，占中国陆地国土面积的30%（《2017中国生态环境状况公报》）。

干旱和局地水资源短缺困扰着中国的大部分地区。中国水资源时空分布不均，南方和西南地区水资源储量最为丰富。许多地区的降水量变化幅度也较大。中国能源基地水资源短缺尤为严重，能源化工的高用水量有超出当地供水量的风险。例如，中国大部分煤炭资源主要蕴藏在水资源比较短缺的地区，而煤化工项目普遍属高耗水项目，生产每千立方米煤制气需要耗水约5～6吨，而生产一吨的油则要消耗近10吨水。为此，能源部门需要充分考虑今后对水的需求，需要更好地理解未来由于其他行业对水的竞争和气候变化对水的影响，可能会进一步限制能源行业的发展（World Bank，2018）。世界银行之前对中国日益严峻的水资源短缺进行了研究，并提出了解决这一问题的建议（见专栏1.1）（World Bank/DRC，2014）。

专栏1.1	中国的缺水问题

世界银行报告《中国水紧缺》（2007）重点研究因水污染而加剧的缺水问题及其影响，包括缺水对环境、人类和经济的影响。为了应对缺水带来的挑战，该报告提出了若干建议，包括：

● **改善水治理。**包括修订和完善现有与水相关的法律法规；强化法律实施；设立国家级的水综合管理机构；将现有的流域管理机构转变为部门间委员会；将信息公开作为政府、企业和相关主体的强制性义务；为公众参与建立强有力的法制基础。

- **加强水权管理，建立水市场。**包括认识水资源对生态的限制，明确规定并实行取水许可，加强水权管理和交易并保障水权所有者的确定性和安全感，提倡以蒸发蒸腾量为依据进行水资源管理，采取适当步骤推行水交易。

- **提高水价机制的效率和公平。**包括采取适当步骤进行价格改革，提高水价，使之充分体现水资源的稀缺价值，降低提价带来的社会影响，完成水资源费改税。

- **通过以市场为导向的生态补偿手段保护流域生态系统。**包括继续扩大实行生态补偿机制和提倡开展生态有偿服务的试点。

- **控制水污染。**包括修订污染控制规划，统一和加强污染监测系统，强化污水排放许可制度，更多采用基于市场的手段，建立保护公共财产的诉讼制度，控制农村污染，增加对市场缺位领域的财政支持。

- **提高突发事件应急能力，预防污染灾难事件。**包括从注重减轻事件影响转向注重事件预防和应急规划，改善应急防备，通过落实"污染者付费"原则建立环境灾难事故基金，建立化学品管理信息系统，以及加强监测和信息发布。

- 虽然2007年的这份报告研究内容侧重于水稀缺这一较窄议题，报告中的许多建议支持对水资源管理系统进行更广泛的改进。因此，其中的许多建议也反映在本报告中。

　　安全供水和洪涝防控方面仍存在差距。中国中小城市和农村地区的供水、卫生和防洪基础设施建设仍不均衡。尽管中国40年来在改善供水方面取得了巨大的成就，95%人口安全饮水状况得到改善，但仍有七千万人口的饮水安全状况有待提高，且农村地区污水处理状况明显落后于城市，供水和卫生服务整体质量也有待进一步提升。2017年全国地级及以上城市集中式生活饮用水水源监测断面（点位）仍有9.5%水质不达标。同时城乡安全供水能力仍显不足，部分城市水源单一，且易受污染和破坏。部分城市，尤其是特大城市供水系统超负荷运转。此外，水利部相关调查表明，仍有部分小型河流附近的城市防洪设施不足。

气候变化将加剧中国的水资源压力。 尽管降雨变化和热带气旋型式的气候增加了洪水风险，但专家预计在2050年之后，由于喜马拉雅地区气候变暖，来自冰川和积雪区域的径流将大幅减少（Lutz et al., 2014），而这些是中国各大河流系统的主要补给来源。有研究预计到2050年，中国北方的可供水量将减少24%，将给已经过度开发的地下和地表水资源带来额外压力（Mo et al., 2017）。在中国南方，随着可用水资源量不确定性增加，气温升高和降水变幅增大可能导致灌溉用水需求的增加（Xia et al., 2017）。水资源问题受气候变化影响将只增不减。

中国水治理仍不同程度存在中央与地方的协调问题。 除了中央层面的一系列政府水管理机构之外，水资源管理职能实际上大部分由省级和地方部门负责组织和实施。省、市、县各级通常设有水利厅（局），有时乡镇一级也有水利机构，各级水利厅（局）负责本辖区内水资源规划、水量分配、水资源利用、管理和保护、防洪以及水利基础设施建设和服务。这些都需要与所在流域的水资源开发利用与保护整体规划相衔接。除设置水利厅（局）外，同时也设有各级环境保护厅（局），负责污染防治法规的监督和执行。在2018年机构改革之前，这两类机构在水污染防治方面存在一定程度职能交叉。除按行政层级组建的这些机构外，流域管理机构同时履行一系列水资源开发、利用、管理与保护的职能，包括流域层面的综合规划、水资源水环境保护以及流域防汛抗旱工作等。尽管设置了众多机构，中央制定的水资源管理政策和法规在地方层面上的实施并不均衡，在某些情况下，相邻地区合作解决污染和防洪等问题的意愿不足（Moore, 2014）。

国有和私营企业发挥越来越重要的作用。除了政府之外，私营企业和国有企业在中国水治理领域中也发挥着重要作用。很多国有企业是用水大户，同时对水污染产生较大影响。许多市政供水服务商，包括供水和污水处理运营商，归国资委管辖。从全球看，国有企业与政府监管机构之间关系密切，负责监管的政府也是国有企业的所有者，可能会增加涉水事务监管的难度。近年来，除国有企业外，出现了大量的私营企业用水户和个人用水户，其中大多数都要支付供水和污水处理费用（GWI.，2015）。中国水行业的多元化发展给监督、管理和治理带来新的挑战，如何强化用水监督以及更好地平衡部门和行业之间的用水需求难度越来越大。

1.3   中国水治理改革已取得重要进展

近几十年来，中国建立了水资源管理立法和监管的综合框架，涵盖水污染防治、水灾害控制、水资源保护、水价制定、水资源管理和水利基础设施等诸多方面。该框架最重要的部分是1988年颁布、2002年和2016年修订的《水法》，旨在增强流域管理、水量分配、生态保护和执法的规定。其他主要法律工具还包括2008年和2017年修订的《水污染防治法》，旨在严格执法、大幅提高违规罚款，并设定关键污染指标（如化学需氧量等）的国家标准；最重要的是，修订后的《水污染防治法》将水质指标纳入中国的干部考核体系。另外，中国1997年颁布、2016年修订的《防洪法》，采纳了洪水管理的先进方法，包括根据流域制定防洪规划、根据洪水风险控制土地利用等。除立法外，还有多项规定进一步强化了中国的水治理架构，例如国务院于1993年确立了取水许可制，以及要求自2005年起将水资源管理的具体规定纳入"五年规划"之中。

最重要的是，中国确立的水政策目标可能是全世界最为严格的。2011年，中国中央政府发布《关于加快水利改革发展的决定》这一中央"一号文件",重点明确了水资源方面的关键问题和未来10年要实现的目标。这一新议程的核心愿景是建立"水资源合理分配和高效利用的体系"及"水资源管理体系"。该文件还明确规定了水资源开发的指导思想、目标和基本原则,明确了一系列新的水资源管理政策和措施。基于这些目标和原则实施的"三条红线"在省级层面为用水总量、用水效率和水质设定了具体目标(见专栏1.2和图1.2)。2012年,为实现"三条红线"的目标,支持实施"最严格的水资源管理制度"的

指导意见发布。该指导意见的基础是与"三条红线"相配套的"四项基本制度",即在控制用水总量、用水效率和污染物排放之外,再加上一个水资源管理责任和考核制度。2014年,为促进"三条红线"的实施,中国制定了一份更为详细的工作计划。"三条红线"及其配套的管理制度构成了中国当前水资源政策的基础,代表的或许是世界上最雄心勃勃的水资源政策战略目标。

这些政策对国家和区域的增长具有重要意义,对它们的理解至关重

专栏1.2　　水资源管理的"三条红线"

"三条红线"由中国中央政府"一号文件"《关于加快水利改革发展的决定》提出,包括以下内容:

- 水资源开发利用控制:到2030年,全国用水总量控制在7000亿立方米以内。

- 用水效率控制:到2030年,每1600美元(万元)工业增加值用水量降低到40立方米以下,

农田灌溉水有效利用系数提高到0.6以上。

- 水功能区限制纳污:到2030年,水功能区水质达标率提高到95%以上。此外,到2030年农村和城市地区的所有饮用水源达到指定标准,所有的水功能区水质达到标准。

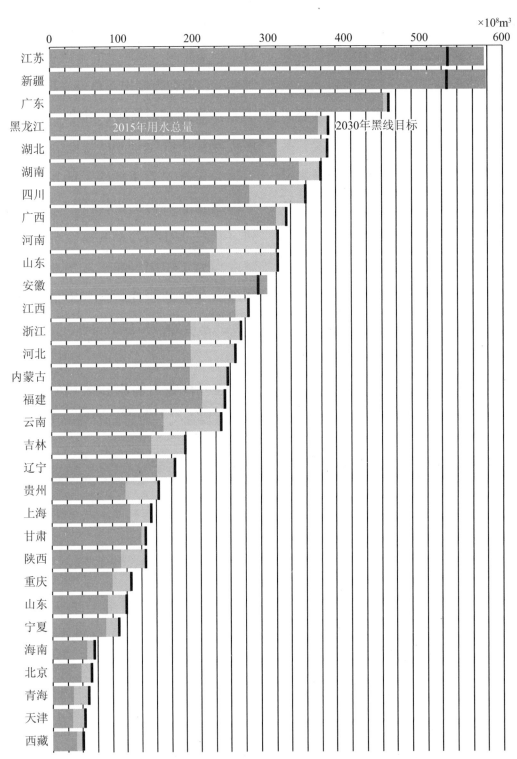

图1.2　各省现状用水量和未来"三条红线"用水量控制目标

资料来源：World Bank，2017n。

要。"三条红线"的重点在于用水需求管理,这一措施有效地促进了所有经济部门的用水总量及用水强度的下降(见图1.3)。总体上,万元GDP用水强度已经改善,从2000年的552立方米降低到2015年的153立方米。在过去的十年中,水质也有了很大的改善(见图1.4)。此外,据预测,在2016年至2020年期间,水污染物排放总量将达到峰值,生态用水需求开始纳入区域水资源配置。"三条红线"控制将随着时间的推移愈发严格,为进一步了解其未来影响,本次研究开发了一综合模型工具来评估不同用水总量、用水效率和水质政策对国家和地区GDP的影响(见专栏1.3)。在特定

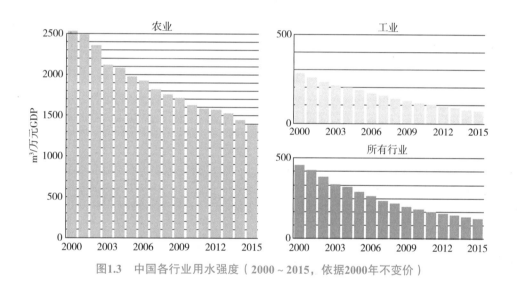

图1.3 中国各行业用水强度(2000~2015,依据2000年不变价)

资料来源:World Bank,2017n。

图1.4 中国2002、2007、2012、2017年河流水质各等级所占比例(%)

资料来源:中国生态环境部。

专栏1.3 采用综合模型工具评估水资源政策

为了更好地理解水资源政策及其对经济增长和家庭收入的影响，可以将水资源模型与多区域可计算一般均衡模型（CGE）关联起来。本次研究将一流域·省水资源模型与现有的中国多区域CGE连接起来，单独进行分析。这种综合模型可以捕捉到区域在水资源和经济发展方面的异质性，并适合模拟水资源在各用水行业（如农业、工业和市政）的分配对区域经济的影响。通过模型扩展，还可以对水资源管理政策的影响进行测试（例如，"三条红线"、水价政策）。值得注意的是，与任何此类模型框架一样，综合模型分析也存在参数的不确定性问题，而且需要做出许多假设（例如各行业生产要素的可替代性）。尽管如此，作为在政策和规划中确定总体及相对方向的一种工具，综合模型分析方法是有帮助的，并且清晰明了。这种方法已经在全世界范围内许多研究中得到采用（如巴基斯坦、孟加拉国、南非、埃及和埃塞俄比亚等）。

中国水治理研究可计算一般均衡模型。

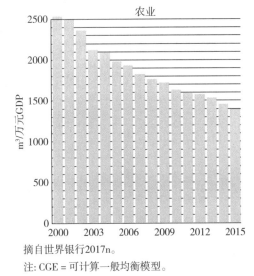

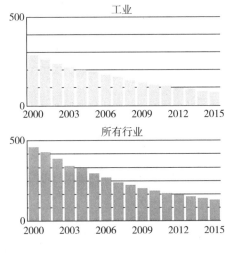

摘自世界银行2017n。
注：CGE = 可计算一般均衡模型。

的假设情况下（如劳动力和资本流动性），预测结果表明，"三条红线"

对整体经济和经济增长没有不利影响，尽管这一结果模糊了重要的地区差异（World Bank，2017n）。例如，虽然水资源短缺是中国北部和西北部地区的普遍问题，但中国东部和中南地区由于用水需求快速超越供水量，也将面临水资源短缺问题。用水需求的增长主要由强劲的工业增长驱动。该模型分析也揭示了协同实施所有"三条红线"目标控制的重要性，其中工业用水效率控制目标最为关键。

最近的改革彰显了跨机构紧密合作的重要性。 基于机构改革对政策执行（如"三条红线"的执行）重要性的认识，中国政府已大大加强了水治理的立法和体制建设，给部分机构分配了更多的权力和职责，与此同时，新工具的使用规模和成熟度也在增长，如水权交易等。需要注意的是，2018年3月，中国政府宣布了一项重新划分部门职责的计划，大刀阔斧地调整生态环境和自然资源管理等机构设置与职能配置。这次改革的重点是坚定不移地消除妨碍资源与环境高效管理的体制障碍，重点设立生态环境部、自然资源部，优化水利部的职能。

1.4 中国水治理需要进一步改革创新

尽管进行了改革，中国的水政策目标仍需要更强的机构协调和能力建设。 如本报告其他部分所述，这些改革确实大有希望改善水治理，但在可预见的未来，体制方面的挑战仍将继续是中国实现其雄心勃勃的水治理目标的关键问题。总体上来说，体制方面的挑战分为三类：①负责水治理的不同机构之间的沟通和协调有待进一步加强，解决诸如面源污染问题需要农业、城市、环保、水利部门之间的密切协作；②中国的机构通常是层级化设置，虽然许多水资源管理方面的问题具有跨区域性，但关于鼓励相邻地区官员开展合作的激励机制不足；③针对处理复杂、涉及多方利益的问题，如跨部门的用水分配或公私合作融资的水行业项目等，尚需明确的决策协议和程序。本综合报告概述了中国水治理体系进一步改革的许多重点领域，但在许多方面，体制问题仍然是挑战的关键所在。

有必要基于这些成就构建一种新型水治理手段，并推动中国的经济转型。这包括创新发展模式，建设生态文明，推动"十二五"规划构想的向市场化迈进的决定性举措，支持"十三五"规划所呼吁的清洁技术推广。所有这些重大举措都依赖于中国的水治理改革。当前中国经济已开始向高质量发展阶段迈进。正如这些战略举措所设想的，要向更加注重服务、高附加值、低污染的经济模式转变，就要进一步保障新兴产业乃至城市的用水。此外，"十二五"规划明确的"七大"战略性新兴产业也需要可靠、优质的水源保障（见表1.1）。而用传统的扩大供应的方式来满足这些新需求，成本太过高昂（2030 Water Resources Group,

2009）。中国必须认识到，若不做出重大改变，缺水会对其发展道路构成根本性制约。中国政府必须确保将水资源问题纳入其战略政策的考虑范围，包括中国特大城市群地区的发展规划等，并确保这些举措不会给受影响地区由于缺水加剧而结脆弱生态带来更大损害。因此，制定新的水治理战略、防止水资源问题制约中国未来发展十分必要。

中国的可持续发展目标需要新的水治理手段。在发展经济和保护环境之间取得平衡、实现可持续增长，"三条红线"等宏大的水资源政策为之奠定了坚实基础。但此类政策需要得到水治理手段的支持，以应对中国所面临的各种复杂水挑战，并吸引所

表1.1　　　　　　　中国新旧经济结构的关键产业部门

旧支柱产业	七大战略性新兴产业
国防	节能与环保
电信	下一代信息技术
电力	生物技术
石油	高端制造
煤炭	新能源
航空	新材料
海运	清洁能源运输工具

有利益相关方共同参与解决涉水问题。水治理手段有三大支柱：①行动主体结构及健全法律架构；②强有力的制度安排；③所有水用户群体的充分参与（Xie et al.，2008）。

中国是一个地理和经济多元化的国家，需要采取不同类型的水治理手段。中国面临的水问题复杂多样，包括水污染、水短缺、洪水和干旱等。单靠某项政策措施或者某个机构组织无法全面应对这些挑战。图1.5显示了目前中国各省主要部门的用水模式差异。这些重要差异随着时间的推移不断变化，需要因地制宜制定对策。当然，这未必会与"三条红线"及其他法规所确定的国家愿景目标相悖，但也说明，仅依靠中央政府出手采取措施是不够的。新的水治理手段应当能够填补中国水资源管理整体架构的空白，并能更好地发挥协同作用，制定适合各地方的解决方案。

中国新的治水策略应基于综合、平衡、参与、创新、问责和渐进的原则构建。水治理的本质是跳出水领域

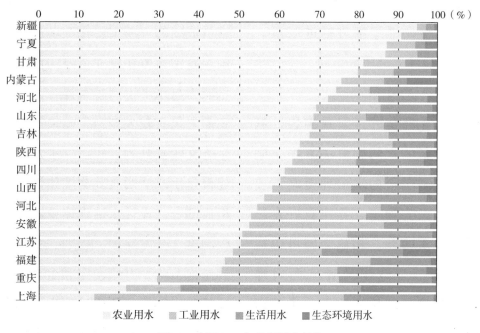

图1.5　中国2015年各省用水结构

的藩篱解决水问题，在治理水的过程中应充分反映其对经济和社会的重要性。理想的水治理体系需要涵盖多个领域、多项制度和机制，并能运用各种工具和方法。这种手段应基于几个关键原则而构建：①必须对水政策进行横向和纵向整合，使其不孤立于粮食、能源或土地管理政策之外。②应该平衡多个（有时是竞争性的）目标，制定旨在保护民众健康并保持适量环境用水的标准。③应支持相关方广泛参与，尤其是当地社区的参与。④应明确各方职责，确保问责。⑤必须融合创新元素，尤其是先进技术、大数据、集成信息共享平台的应用。⑥需要循序渐进推进改革，要具备灵活性，并不断改进。

中国有机会进行宏观构想，制定大胆创新的水问题解决方案。制定并实施一项新的水治理策略需要投入大量人力物力，并应对好发展过程中的水问题，相信中国可以成为这方面的全球领导者。面对环境挑战和经济的快速增长，中国需要创新并尝试多种手段来解决这些

普遍存在的全局性问题，包括采用前瞻性发展概念（如将自然置于发展核心的"生态文明建设"），开发高效的水净化及海水淡化等创新技术，开展"河（湖）长"制度等改革试点，实践海绵城市等创新理念，以及建立基于蒸发蒸腾的水权交易系统等。在应对世界日益严峻的水问题方面，期待中国可以发挥领导作用。

中国水治理应构建包容性、可操作性强的目标体系。中国水治理应贡献于：①国家治理体系与能力建设。治水能力与水平，是从古至今考量官员成绩的一项重要标准。近年来，国家将治水放在更加重要的位置，治水能力与水平得到较大提升，但离现实需要仍有较大差距，亟须提升。②生态文明及其制度建设。水治理体系建设是生态文明及其制度建设的重要组成部分。设计水治理体系需要在产权制度、开发保护、规划、总量控制和全面节约、有偿使用和生态补偿、环境治理体系、环境治理和生态保护市场体系、绩效评价考核和责任追究

等方面针对水资源领域建立健全相应的制度体系。③提升国家和区域水安全保障能力与水平。重点着眼于提升水资源安全、水环境安全、水生态安全、水工程安全、集中供水安全、国际水关系安全。④改善中国人民的长期福祉。减少洪涝与干旱灾害及其影响。提高城乡居民饮水安全水平。改善城乡人居水环境水生态。⑤区域与全球的水治理。贡献于区域水治理：经验、模式与能力；贡献于全球水治理：经验、模式与理念。

中国水治理应着眼于建立健全具有中国特色的水治理体系。基于水治理需求，中国水治理体系应由至少五部分有机地组成：①水资源治理，重点着眼于水资源的开发、利用、节约、保护，确保水资源保障安全。②水环境治理，重点着眼于污染物减排和水环境修复，确保水环境安全。③水生态治理，重点着眼于加强水生态的保护与修复，实现并维持良好水生态的状况，确保水生态安全。④水工程治理，重点促进水工程的合理建设与良性运行，确保水

利工程安全。⑤水事关系治理，重点建立健全水事纠纷调处机制，确保涉水关系和谐、健康、稳定。

1.5 中国水治理改革创新的优先领域

中国应该制定五个关键的水治理改革优先事项。①修订水相关法律法规，强化水治理的立法基础。②强化国家及流域治理体制建设，强化其在生态系统保护领域的作用；明确不同机构、辖区和部门之间进行政策协调的重点。③进一步改进目前开展试点的经济政策工具，并酌情推广。④强化人类及生态系统应对未来威胁和挑战的能力。⑤完善各机构、司法管辖区和水资源使用者之间的数据及信息共享机制。上述重点领域依次简述如下：

强化水治理的立法基础。中国水治理体系的法律基础尚不够完善。某些法律法规之间尚存矛盾，而有些规

定则不够完整或不够灵活。鉴于不同部门的工作重点不一致，法律及监管机构往往不能保持一致立场。例如，《水污染防治法》和《水法》的水质标准和规定各不相同，对不同部门的责任也未能充分明确。在中央政府2018年3月进行的机构改革中，这一举措的重要性更加凸显。此外，支持进一步严格落实水污染防治的规定仍显薄弱，应予以进一步强化。除了制定新的法规或修订现行法规外，还可以通过其他方式来实现这一目标，包括颁布新的条例、意见、决定等。鉴于其对中国水治理体系的重要性，立法改革应包括修订中国现行《水法》，以反映中国近期治水的新原则、新挑战和新举措。

强化国家及流域治理机构，促进各级管理机构和部门的协调与整合。为实现"三条红线"等政策目标，需要实行跨领域的政策整合。例如，下游水质达标部分受到上游面源污染和牧场管理等的影响，而这并非传统水资源管理体系的职责。要严格控制所有经济部门的用水和水污染，

就需要采取更多的跨部门策略和跨机构合作来实现这些政策目标。许多政策，包括城市规划、工业发展和农业政策等，都会对水资源造成间接影响。强化流域管理机构会有助于实现这种横向（如跨部门）和纵向（如跨管理层级）的统筹与协调。河（湖）长也能在这些体制中发挥更大作用。

经济政策工具能够得到改进和优化。尽管"三条红线"政策确定了合理的水量水质总体控制目标，但实现这些目标的经济政策工具还有待改进。采取市场化手段需要改进政府在调节用水方面的职责，需要推动旨在改善水分配和水质的市场机制。水权交易和水价改革试点效果良好，但必须进一步推广才能实现"三条红线"目标。水价改革还有待持续推进，以鼓励水资源保护和成本回收。目前，农业用水价格仍然过低，无法达到激励水资源保护的目的。2010年，灌溉用水价格为0.01~0.35元/立方米不等。进一步的实证分析还有待开展，以评估现行定价结构及政策是否可达

到预期效果。

中国要继续强化适应气候及环境变化的能力。主要包括强化抗洪能力，实现"红线"目标以确保生态用水足量，以及解决面源污染（尤其是农业污染源）问题。水生态系统，包括溪流、河流、湿地、湖泊等在内，可以提供多重具有经济价值的服务，包括洪水防御、水土保持、净化水体和休闲娱乐等功能。然而，城市化及人类活动对湿地和水体的破坏及扰动，显著降低了生态系统的功能。为此，有必要设立合理的河流湖泊健康指数，评估并监测环境用水需求是否得到满足并被纳入"三条红线"管理目标。此外，目前还是建立健全国家

洪水保险体系的好时机。

最后，地方领导和决策者需要更多更好的数据和信息来支撑政策落实。在很多情况下，地方主管部门监测、统计能力不足，数据及时性和准确性有待提高。新兴的技术，包括遥感、大数据等在内，可有效提高地方领导工作能力，推动确保水效和水质符合相关标准。同时，构建数据及信息共享平台有助于各机构官员更好地协调工作并监督落实进度，更好地了解地方层面所遇到的挑战。此外，鼓励和加强公众参与也十分必要，以协助地方主管部门更好地执行水污染法律法规等。

第2章 重点领域一：强化治水的立法基础

中国须将近期的主要改革创新措施纳入立法，以明令地方官员和企业严格遵守。强化水治理的法律基础，可以分步实现：首先，需要对现行《水法》进行修订，以反映当前的立法环境和新的行政管理格局，包括2018年改革过程中成立的新的部委。其次，需要丰富现行污染防治法规的执行手段。第三，需要进行立法调整，鼓励加强开展公私合作（PPP），这对于募集资金支持水治理至关重要。

2.1 进一步修订现行《水法》

立法是许多国家治水的基础。在不同用途之间以及上下游用户之间分配水资源具有挑战性，因此世界许多地方的水法体系都十分复杂，并根据它来确定水量如何分配的原则、以哪些方式或者由哪些机构分配，以及其他相关问题。尽管美国等一些国家以及许多习惯法系通过单独立法和司法裁决确定这些原则，其他一些国家则通过制定单独的、专门的水法来进行规定，而许多水法专家仍都建议采取这种方法（Wouters，2000）。人们也普遍认识到，水法框架应包含水治理的基本原则，同时通过附属法规明确具体规定。一位著名的水法专家认为："基本的水资源法律、法令或守则不应过于详细，但应包括基本原则，根据这些原则确定落实措施，确保实现其目标"（Caponera，1992：133）。因此，在处理更广泛的水治理改革问题时，必须首先考虑这些基本的法律基础。

法律改革是中国第一代水治理改革的一项核心内容。和其他多个国家一样，中国宪法规定，除少数例外情形之外，水资源均属于国家财产，完全处于国家监管之下。基于此，中国政府颁布了一系列水法律法规，如《水土保持法》（1991年）、《水污染防治法》（1984年）、以及《防洪法》（1997年）。其中，最重要最全面的水治理法律文件是《水法》。该法于1988年颁布，2002年和2016年进行了修订。《水法》是中国目前水资源治理体系的立法基础。因此，与其他国家类似基本法律的做法一样，《水法》也应定期更新，将新的实际发展和有关挑战纳入考量（Caponera，1992）。

自2002年《水法》于2016年做出重大修订以来，中国颁布了许多重要法律政策，改变了中国的水治理格局（见图2.1）。在此背景下，有必要对现行《水法》进行相应修订，以反映中国近年水资源管理的原则和面临的挑战。修订《水法》的目的包括：建立解决跨辖区水污染问题的明确机制，如河（湖）长制度等；在生态环境部、自然资源部等新成立部委及其他机构中，明确重点水资源管理政策实施方面的权力和职责分配，包括"水污染防治行动计划""最严格的水资源管理制度"和"生态文明建设"试点等。修订《水法》的必要性不言而喻，也有多种途径可供选择，相关配套法规也同时需要进行相应修改。

图2.1　水治理主要法律和改革（1984年至今）

现行《水法》最明显的空白，应该在于其未能充分规范跨辖区水污染的治理。现行水治理体系通常鼓励在本管辖区内进行监管，而非针对整个流域（Li、Liu and Huang，2010）。因此，流域内跨行政区水污染治理问题是法律实施的薄弱环节，原因在于许多法院无法或无权审理跨管辖区违法行为，导致执法极为困难（Moore，2017）。同样，尽管有效的水管理需要多个政府机构和辖区开展协作，但目前几乎没有促进或鼓励跨辖区、跨部门协调的体制平台（World Bank，2017f）。这些空白需要在《水法》中得到填补，以更好解决跨省和地方政府辖区的水污染及其他问题。

此外，虽然过去十多年曾经有一些重大的立法和监管进展，但未能在2016年最新修订的《水法》中得以充分体现。自2002年《水法》修订以来，至少有三部影响水资源管理的法律生效或得以修订，即《环境影响评价法》《水污染防治法》和《环境保护法》。《环境影响评价法》规定了建设大坝等水利工程之前所必须执行的详细流程，包括公众咨询和审查等。《水污染防治法》旨在指导地方官员严格执法，保护和改善环境，防治水污染，保护水生态，保障饮用水安全。同时，《环境保护法》相关条款授权并鼓励利用生态补偿机制防止水污染，并指导地方主管部门为包括水源区在内的区域划定"生态红线"；而且其中一些条款似乎还取代了现行《水法》的一些内容。

最后，《水法》未能反映一些重要的环境及水政策举措，也未能明确界定各部委和各机构的职责。首先，它没有融合中国目前大部分环境政策的基础，即"生态文明"这一核心概念。此概念于2007年由中央政府提出，并于2015年将环境质量指标纳入政府官员绩效评估体系，鼓励污染监测和环境保护方面的公众及非政府机构参与（Geall，2015）。其次，《水法》未将"最严格的水资源管理制度"纳入其中。该制度又称"三条红线"，分别对应三项主要内容，其中包括全国用水总量上限（World Bank，2017i）。不过，尽管"三条红线"非常重要，却没有明确的法律依据，因此未能明确落实相关行政责任。举例来讲，现行《水法》的流域规划和水分配条款并未考虑"三条红线"的水量分配规定（World Bank，2017i）。通过修订《水法》，加入"三条红线"内容，将有助于体现其对中国水治理体系的重要性。

2.2 强化执行现行水质标准

和许多国家一样，中国解决水污染问题最重要的手段是利用法律和监管性规定，明确水质标准以及实施违规处罚。这些规定是控制工厂和企业等点源污染尤为重要的手段。目前中国已经确定了水质标准的指标，包括针对地表水和污水的指标，如温度、氮、化学需氧量，以及针对各行业的具体排放和排污标准（如钢铁制造和稀土采矿业等）。水污染防治行动计划、最严格的水资源管理制度等政策，通过水质监测及报告、罚款及在某些情况下采取刑事处罚等，形成了标准实施的政策框架。

尽管已有明确的法律框架，但现行水质标准的实施仍是一项艰巨的工作，因此应考虑多项措施并举，强化现行水质标准的执行。有研究表明，与单纯依靠增加检查次数等手段相比，综合执行机制很可能更加有效，因此现行的执法方式包括：增大罚款力度，公开违规城市和企业名录，以及将地方官员升迁与水质达标关联起来。上述每种方法都应作为整体战略的一部分以加强执法（Lin，2013）。在可行措施中，一种最具前景的方法是打通公民寻求环境危害补偿的诉讼渠道，这应被审慎纳入整体战略。

环境法案件在中国法律体系中很少见，主要原因是个人或机构是否有权就环境危害提起诉讼这一问题尚未明确。1996年的《水污染防治法》规定了就水污染危害提起法律诉讼的做法，但前提是当地环境保护部门仲裁失败后才能提起诉讼。此外，在过去十年，中国开展了几项推动公民诉讼的重要改革，以落实环境法规。在2006至2010年间，几个专业环境法庭设立，以改善许多法官不熟悉环境诉讼或执法的情况（Stern，2014）。2012年，《民事诉讼法》修订，规定"针对污染环境等行为，有关机构和组织……可以向人民法院提起诉讼"。2015年修订并生效的《环境保护法》进一步明确规定"专门从事环境保护公益活动连续五年以上且无违法记录"的任何正式注册组织均有权提起环境诉讼（Zhang，2014）。2017年，中国全国人民代表大会批准修订《民事诉讼法》和《行政诉讼法》，正式允许检察机关就涉及公众利益的环境保护问题（包括水污染）提起民事诉讼（Zhang，2017a）。此项改革极具前景，因为检察机关是拥有实质性法律及调查资源的强势实体，几乎所有非政府组织（NGO）都无法与之相比（Wilson，2015）。其他国家的经验表明，允许公民个人就水相关环境危害提起诉讼，可以成为完善污染控制法规执行的有力工具。

在一些国家，特别是美国，诉讼是执行环境法规的一个重要手段，尤其是与污染有关的法规。在美国，环境法规可以通过三个主要途径实施：①行政机构履行法定义务；②非政府组织对政府机构提起诉讼，目的在于迫使行政机构对污染者采取相关措施；③公民个人和个别组织以"私人检察总长"身份提起诉讼，防止环境遭到破坏（见专栏2.1）。其中最后一个途径可以有效授权公民和机构执行环境法规，这有助于督促污染者最大限度减少其行为对邻近主体的影响，否则后者可以对其提起诉讼；还可以帮助政府用最小的成本强化执法能力（Daggett，2002）。

美国环境法规的两个重要文件《清洁空气法案》和《清洁水法案》为如何允许提起此类"公民诉讼"提供了两个不同例子。《清洁空气法案》中列有具体的诉讼条款，旨在强化联邦大气污染执法能力，其允许任何人就违反空气质量标准行为或未执行标准行为提起诉讼（Alpert，1988）。与此同时，《清洁水法案》

| 专栏2.1 | 环境诉讼在美国环境执法中的作用 |

美国在环境执法方面的诉讼率很高，能够有效发动非政府主体参与严格执法。广义上讲，美国为非政府主体参与环境执法提供了两个途径。首先，一些关键法律文件（尤其是《清洁空气法案》和《清洁水法案》）特别授权个人可就违反环境质量标准的行为提起诉讼。其次，个人可就不执行此类标准的行为或不符合其他法律要求的行为向政府实体提起诉讼。这种方式既允许非政府实体帮助监督污染者，也允许其对监管机构进行问责。

例如，《清洁水法案》规定"任何公民都可以代表自己对涉嫌违反污水排放标准或限制的……任何实体，包括美国政府，提起民事诉讼"，并可"对涉嫌未能履行任何职责或义务的（环境保护署）管理人员"提起诉讼。该法案还授权地区法院自行"执行此类污水排放标准或限制条件"，并"采取任何适当的民事处罚"。

也包含有类似条款，但在哪些主体有资格就涉嫌违反水污染法规行为提起诉讼方面，其定义范围相对狭隘（Campbell，2000）。

尽管中国已允许非政府主体提起诉讼，但美国的环境法及相关实践仍可以为中国治理水污染提供经验借鉴。除允许特定组织就水环境危害提起诉讼，中国还应考虑至少在某些特定情况下给予公民个人同等资格。通过鼓励诉讼，此项改革将为防止工业水污染提供更有力的经济激励。2017年修订的《水污染防治法》规定因水污染引起的损害赔偿责任和赔偿金额的纠纷，当事人也可以直接向人民法院提起诉讼。当然，开展这类修订的同时，还应开展其他监管方面的改革，进一步增加罚金，强化对地方官员的激励，以确保水质达标。

2.3　将PPP纳入法律并予以强化

在水领域，中国已成为世界上最重要、最活跃的政府和社会资本合作（PPP）市场之一。对于寻求扩大基础设施覆盖率并尽可能减轻公共财政预算压力的各国政府，尤其是中低收入国家（LMIC）政府而言，政府和社会资本合作长期以来一直颇具吸引力。PPP模式不乏各种手段，但大都依赖私人资本为基础设施建设提供大部分初始资金，然后通过长期优惠、使用费及各项收费减免或其他机制予以补偿。PPP模式始于21世纪初期，其数量和总投资都在稳步增长（见图2.2）。从1990年到2017年，中国启动了大约511个PPP模式的水治理项目，其中大多是污水处理和城市供水项目。由于开展PPP合作过程中，特别是涉及外资时，项目曾出现监管等方面的阻碍，因此中国政府大幅改革了PPP总体政策框架（Wu、House and Peri，2016）。尽管如此，鉴于PPP模式在未来水资源投资领域的潜力和突出作用，该框架仍需进一步改革。

2013年，中共十八届三中全会发布的改革方案提出"面向市场的关键性转变"，其中PPP方式预期将在水利基础设施建设发挥更加重要的作用，成为筹措资金的重要来源。政府目前已经确定了水利行业公私合作投资的优先领域，包括大坝建设、城市供水和水污染控制等。若干重要条例的颁布，包括国务院2014年发布的一系列指导意见，以及中国财政部和中国人民银行制定的指导性文件，构成了公私合作的基本框架（World Bank，2017g）。此外，财政部还建立了国家PPP项目中心，以提供政策研究、建议、培训支持及机构间的协调。这样的监管框架表明，PPP不仅要有助于建立一个更强大、更多样化的融资基础，还要改善公共、私营部门和民间团体之间的协作，以促进政策目标的实现（见专栏2.2）（GoC，2014）。要充分发挥这些潜力，系统梳理和进一步加强有关公私合作的现有规定十分必要。

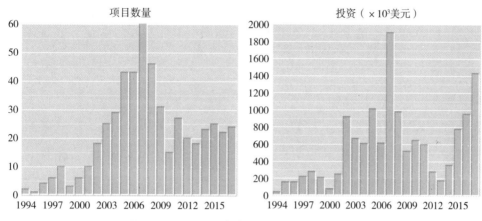

图2.2　1994~2017年中国PPP水利项目与投资

| 专栏2.2 | 中国水治理领域的PPP概述 |

　　过去20年间，各种形式的PPP在中国水治理领域的发展中发挥了关键作用。自1995年中国向私营部门开放水资源领域以来，大大增加了国际及国内私营公司和国有企业（SOE）供水和污水服务的规模，服务的人口比例从1990年的不到1%增长到2015年的约40%。这些合作关系包括运营维护（O&M）合同、建设—经营—移交（BOT）协议和合资经营机制，最初均由跨国公司主导，然而目前市场已经本土化：地方私营公司和国有企业在10大企业中占9个。在这种背景下，再加上水费逐渐提高、基础设施补贴和替代支付方式（包括土地开发）等因素，水资源领域政府和社会资本合作越来越具有吸引力。

　　某些情况下，PPP有助于引进新技术和新做法。例如，上海南翔污水处理厂通过与中国水环境集团签订政府和社会资本合作协议而获取部分投资。中国水环境集团是一家私营投资公司，主要业务优势是运用先进的厌氧—缺氧—好氧处理技术来实现达标排放。上海市政府与私营企业合作改进了污水处理厂的管理，并测试了新技术的适用性。2016年，亚洲开发银行的一项研究调查了大约300家中国国营以及PPP公用事业机构，结果显示后者的效率明显高于前者。与国营机构相比，PPP公司在资金方面更有保障，其全要素生产率高出5%~16%，而补贴率低1%，劳动力成本低6%。与此同时，PPP公用事业公司的运营情况通常相对更好，比如服务范围广、漏损率低、收账率高、能耗低。尽管成绩斐然，但水费费率仍然普遍低于成本回收率，降低了PPP对私营部门投资者的吸引力。

另一个具有前景的例子是安徽省池州市的政府和社会资本合作项目，该项目的目标是海绵城市试点示范，以提高面对极端天气的恢复能力，同时改善清溪河流域环境。

这一PPP项目非常成功，因此也被称为"池州模式"。该项目始于2014年，当时池州市政府与国有企业深圳水务（集团）有限公司签订了城市污水处理和市政排水合作协议。该市的财政资源不足以负担项目总成本，市政府因此决定将项目拆分为三个不同融资来源的独立部分：污水和市政排水、清溪河恢复以及包括公园和自然休闲区在内的海绵城市建设。三部分共募集了人民币22.8亿，资金来源分别是中央政府、市政府和私人合作伙伴。

现行的政府和社会资本合作监管及政策框架存在一些空白。从监管角度来看，目前尚未制定具体措施来支持政府和社会开展资本合作的前期准备工作，如经济分析、财务可行性分析、市场评估和标准化合同。总体而言，根据世界银行PPP基准测试报告（2016），中国在PPP采购方面得分80（满分100），在非邀约投标方面得分75，但在PPP准备和PPP合同管理方面得分仅为54、58，这表明开展进一步监管改革可能有助于消除在合作准备和实施阶段的障碍，进而吸引更多私人投资。在实践层面，历史上曾有四个重大障碍影响到PPP模式的扩张：①PPP法规并不完全一致，导致不确定性极大。②某些行业的水费改革步伐缓慢，影响了项目资金可行性。③许多PPP招标过程缺乏透明度。④迄今为止，国有企业在PPP

中占主导地位，可能会在一定程度上排斥当地私营企业和外资企业参与（ADB，2010）。

将现行监管框架统一纳入立法，包括国务院2010年颁布的指导意见和国家发改委（NDRC）2014年关于开展政府和社会资本合作的指导意见等，将有助于填补上述空白。通过强化具体规定，例如将世界银行国际投资争端解决中心（ICSID）建议的标准争端解决制度纳入规定，也可以进一步鼓励公私合作扩大规模[①]。现行法规还应针对PPP的关键要素制定通用标准，包括资产所有权和转让条件，以及监督和核准机制。这些改革可以通过修订现行《水法》，或纳入目前正在单独制定的《国家政府和社会资本合作法》进行实现。

---

① 国际投资争端解决中心设有行政理事会和秘书处。每个成员国均在该中心拥有一个席位。理事会不参与处理个案，其主要任务是处理ICSID的体制框架等问题。国际投资争端解决中心的秘书处由大约70位专业人员组成，主要负责案件仲裁和调解。这种职能分工不仅强化了全球争端解决机制的公平性和独立性，还能确保仲裁和调解的效率。

第3章　重点领域二：
强化国家和流域层面的水治理

水资源管理面临的一个根本性挑战是，许多问题本身就有跨辖区性，包括水污染和水资源分配在内。这些问题更多地是以流域而非行政辖区为边界。因此，国家和流域层面的机构很常见，而行政区域机构却不多见。就流域水治理而言，这类机构可以采取的形式包括：集中式区域机构（如美国田纳西河流域管理局），由流域内各州/省等管辖区的代表组成的跨管辖区委员会（如密西西比河委员会），或者由同意共同实现特定目标的流域水资源使用者组成的非正式机构（如巴西流域委员会），这些机构的职能或职责各异。相比形式而言，更重要的是这类机构的目标，即采取综合、协作的管理方式，考量水的不同用途和来源（地下水和地表水），平衡竞争（如经济发展和环境保护）、达成共识（包括水资源分配）（Molle，2009）。

尽管中国认可并接受流域管理的概念，但在实际落实方面面临许多制度障碍。为实现"三条红线"等政策目标，需要更好地整合不同领域的政策。例如，水环境质量目标和污染物排放标准的实现，在一定程度上取决于对水土侵蚀的控制，对农业化肥使用的管理，以及对上游养殖场的管理。这些职责非任何单一部门或辖区能够凭一己之力完成。因此，需要强化国家及流域机构的能力，强化部门间沟通合作。为此，可采取以下三项具体行动。

3.1 建立国家水治理协调机制

同大多数国家一样，中国的决策机构较为复杂，体制问题造成不同部门之间缺乏协调和沟通，政策执行受阻。几十年来，中国采取"领导小组"这一政府部门间协调机制推行政策改革。多年来，领导小组的作用时强时弱。国家主席习近平通过广泛运用领导小组推进重要政策事项，并设立了负责网络安全、军事改革和整体经济改革的新领导小组（MERICS，2016）。领导小组模式尤其适用于水治理领域，因为该领域涉及广泛的利益相关方，且其自始至终都需要在若干部委、机构及其他主体之间进行紧密协调。

中国的水治理涉及多个中央政府部委以及省级和地方政府机构。主要机构包括水利部、住房和城乡建设部、农业农村部、国家发展和改革委员会、生态环境部和自然资源部。每个机构都负有责任，但它们的责任并不总是相互协调。例如，从历史上看，关于水污染防治，由于相关职责分散在水利部和原环境保护部之间，导致有关政策响应并不及时。中国主要涉水法律，《水法》和《水污染防治法》，均未充分明确这两个部委之间的责任分工，导致在利益、管理成本和管理效率方面有时会发生不协调（MERICS，2016）。2018年3月，生态环境部成立，有关部委多项水污染方面的职责移交给了生态环境部，有望一定程度上解决这一问题。尽管如此，正如其他国家的经验所表明的那样，在单一部委内部巩固与水治理相关的所有权力和职能往往非常困难。

应对与水有关的跨部门挑战的方法之一，是建立一个高级别的政府间协调机制。这个机制通常包括有关政府机构和部门的代表，负责制定与水治理有关的高级别政策。巴西已经成立了国家水资源理事会（Conselho Nacional de Recursos Hidricos，or CNRH）。该机构的任务是在由流域委员会、州级理事会、联邦机构和地方实体组成的复杂水治理系统之间进行协调。CNRH由联邦环境部长担任主席，由57个席位组成，其中29个代表不同的联邦，10个为州水务委员会的代表，12个代表用水群体，6个保留给民间组织[①]。联邦部委代表包括交通、卫生、农业、畜牧和粮食、城市等部委以及农民和妇女特别代表。水用户群体代表包括灌溉者、公用事业、水力发电和内陆航运公司。最后，民间社会组织代表包括流域委员会、研究机构和非政府组织。尽管尚未完全解决部门间协调问题，但国家水资源理事会为多方利益相关者提供了平台，囊括了巴西与水治理有关的大多数利益相关者。与巴西高度包容的模式相比，美国根据1965年水资源政策法案成立了国家水资源委员会。这一模式更注重在联邦政府高层决策者之间建立共识，包括由总统任命的主席和内政、农业、陆军、商业、住房和城市发展、交通、能源和环境保护等部门的内阁官员（42 U.S. Code 1962a）。

任何协调机制都需要结合国家背景进行制定和实施。中国水治理系统复杂，包括许多中央部委以及省和地方政府有关机构。充分加强中央相关主要部委，如水利部、生态环境部、自然资源部、住房和城乡建设部和农业农村部之间的沟通协调，将有助于中国水治理的持续良性发展。建立这种机制有几种可能方式，但从政策建议到具体实施过程，都需要在政策制定过程中充分考虑不同利益相关方的政策建议，以更好地指导联合计划的执行和主要政策倡议的制定。落实"三条红线"的措施，已经由一个包括多个有关部委的工作组在组织。建立高层协调机制还可以促进关于主要的、涉及多领域的立法协调，例如水法和水污染防治法的有效衔接。监管和行政职能仍将保留在相关的各个部委。同时，应注意发挥水治理领域专家的决策咨询和技术支撑等作用。

---

① CNRH网站，"Composicao CNRH" [Composition of the CNRH], accessed October28, 2018, http://www.cnrh.gov.br/index.php?option=com_content&view=article&id=99:composicao-cnrh&catid=1:o-conselho-nacional-de-recursos-hidricos-cnrh。

3.2　优化加强流域管理机构

迄今为止，水治理的一个较为切实可行的原则是，至少在一定程度上沿流域边界而非行政管理边界组建水治理机构。至少自20世纪30年代以来，该方法一直被视为同时解决污染、洪灾和航运问题的有效方案，其职权行使范围主要取决于水文地质特征，而不是行政区划（Barrow，1998）。建立流域机构，最重要的不是组织的形式，而是确保流域管理所

需的功能以综合管理的方式执行。流域机构能否充分发挥其功能，取决于其创立的环境和目的（见专栏3.1）。加强流域治理有多种体制模式可以选用，而这些模式并不一定需要涵盖所有职能（Lankford and Hepworth，2010）。流域机构的主要职能包括：①协商、协调和决策功能；②执行功能，其中包括开展研究和调查，编制可行性报告，编制流域水资源开发利用总体规划，监督、控制、建设、运行、维护或融资；③调节功能，其中包括对行政决策的实施和立法，所做

专栏3.1　　　　　　　流域组织的职能

- 水文、技术及其他数据的获取、监测与共享
- 技术咨询（如建模、环境和社会评估）
- 执行跨管辖区协议和安排
- 政策协调、综合规划和流域开发
- 水相关基础设施的维护、管理和运营
- 水资源分配和水权管理
- 冲突管理
- 调动财政资源、相关税费
- 预测、预警和应急准备
- 跨管辖区涉水相关问题的召集
- 利益相关方咨询

出的决定可能直接产生影响，或通过更高权力机关批准后产生影响；④司法职能，包括仲裁、调解、调查事实或解决争端。

相关经验和研究表明，尽管创建覆盖全流域的机构通常很有价值，但这些机构往往会面临权力、自主权、资源和合法性方面的实际障碍。许多研究报告强调，这些机构需要通过吸收不同的利益相关方团体，并在流域管理组织、中央和地方政府以及在子流域层面的较小组织之间建立联系，以发挥其号召作用（Jaspers，2003；Lankford and Hepworth，2010）。总体而言，水资源管理专业人士的共识是："最佳实践做法为……整合地下水和地表水的水量及水质管理，同时充分了解自然资源和流域人口将受到何种影响"（World Bank，2006）。而这恰恰是水治理的核心。

20世纪50年代和60年代，中国针对主要河流流域和太湖设立了流域委员会，又称水利委员会，流域成为法定的规划单元。尽管被称为委员会，

但并没有正式设置来自地方政府或其他有关机构的代表。随着时间的推移和管理需求的增强，流域委员会的职能在不断演进，逐渐承担了更多的水资源管理职能。根据2016年修订的《水法》，流域管理机构在所管辖的范围内行使法律、行政法规规定和国务院水行政主管部门授予的水资源管理和监督职责。目前国家还正在推进按流域设置环境监管和行政执法机构试点方案。

流域委员会面临若干局限。首先是缺少对省级政府或地方政府官员的监督权，因而其作用往往容易被忽视（World Bank，2017b）。如果缺乏地方政府机构的直接参与，流域机构就难以推动解决诸如跨辖区、跨部门的水资源分配和水污染等问题。其次，这些委员会缺乏仲裁机制以协调解决各流域跨行政区划之间的争端（World Bank，2017b）。为解决这些问题，应在规划、协调、实施、执法和融资等关键领域扩大并明确流域委员会的权限。这种权力增强并不是要削弱其他现有机构目前行使的权力或与之重叠，而是要

建立必要的联系，以便有效地管理跨行政区划共享的资源①。对中国而言，流域委员会和地方政府开展密切合作尤为重要，特别是与省级政府。此外，经过重组的流域委员会应该有充足的预算资源以支撑其行使更多的行政管理职责。

国际模式（如法国、美国、西班牙、澳大利亚、巴西和欧盟）可为中国现有的流域委员会提供有益借鉴，以进行相应改革或重组。大多数流域管理机构的一个关键要素是，它们必须由多个部门的代表构成，其领导人也往往来自流域内的不同行政区划（Jaspers，2003）。例如，巴西《水法》（1997）将流域规定为地域管理单位，并规定流域委员会的代表来自联邦、州和地方政府，直辖市，水资源使用者，及流域内民间团体。因此，它在立法层面明确了横向（即行业）和纵向（即行政）都有足够的参与。同样，墨累—达令流域管理局负

责制定并监督全流域的可持续水资源规划，同时，已有的跨区域部长理事会则继续负责有关长期州际分水协议和联合融资方案的政策和决策（见图3.1）②，这些职能部门不同的治理体制由《联邦水法案》（2007）规定。这些规定尽管复杂，但它们明确了各级政府和不同机构在水资源规划、管理和运营方面的职责。如果多个行政区划共享一个流域，只有具有代表性的治理模式才能提供达成共识的平台（World Bank，2017b）。这种模式不同于中国的流域委员会模式，因为中国的模式并未明确代表各省级和地方政府的利益，流域委员会的所有成员至少在名义上隶属于中央政府。这种模式往往使人们更关注各省的利益，而非更广泛的流域层面利益（World Bank，2017b）。

一些立法则明确要求对水质和水量进行统一管理。例如，欧盟水框架指令（WFD）、欧洲议会和欧洲理

① 这一概念源自集体行动理论。可见Adger、Brown和Tompkins（2005）；Heikkila、Schlager和Davis（2011）。

② 见墨累河–达令河流域管理局网站，2017年7月19日访问，https://www.mdba.gov.au/about–us/governance/authority。

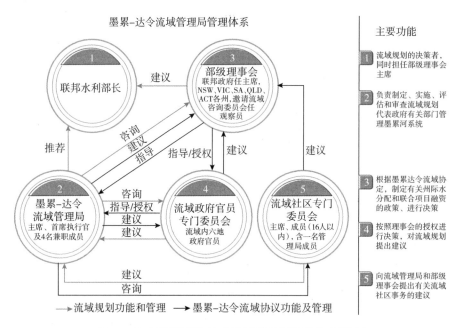

图3.1　澳大利亚墨累-达令流域管理局管理体系框图

资料来源：墨累-达令流域管理局。

注：MDB = 墨累-达令流域管理局，Cth = 联邦政府，NSW = 新南威尔士，VIC = 维多利亚，QLD = 昆士兰，ACT = 澳大利亚首都直辖区，BCC = 流域咨询委员会。

事会2000/60/EC（2000年10月23日）指令明确提出，将河流流域的区域作为河流流域管理的主要单元①。水指令序言中这样表述如此安排的原因："努力使每个河流流域的水体都处在良好的状态，使针对同一生态、水文

和水文地质系统地表水、地下水所采取的措施能够相互协调。"虽然欧盟水框架指令并没有规定在流域层面设立新的管理机构、实体或委员会，但它要求所有成员国为每一流域区域制定管理规划。在这些规划中，对河流流域目标的设定（生态状况、定量状态、化学状况和保护区目标）及其实现方式进行阐述②。最后，欧盟水框

---

① 欧盟水框架指令对流域的定义为"范围内所有地表径流经溪流、河流及湖泊系统通过同一河口、港湾或三角洲入海的地域"（定义13）；子流域指"范围内所有地表径流经溪流、河流及湖泊系统通过同一地点进入一水体（通常为一湖泊或河流汇合点）的地域"（定义14）。河流流域区域指"由一个过多个相邻流域及其附属地下水体、沿海水域组成的陆地及海洋区域，根据3（1）条款之规定，作为流域管理的主要单元"（定义15）。

② 见欧盟委员会网站"欧盟水框架指令的介绍"[Introduction to the EU Water Framework Directive]，2017年7月3日，http://ec.europa.eu/environment/water/water-framework/info/intro_en.htm。

架指令规定要"从环保的角度考虑，对地表水和地下水，从量和质两个方面进行更好地整合"。因此，在规划过程中，水量和水质的问题都需要进行前瞻性考虑。

上述案例说明，明确流域管理机构在水量、水质和环境健康综合管理方面的清晰职责非常重要。这些职责包括牵头制定流域总体规划（从水量和水质两个方面）、实施规划、监督实施进程，包括环境和生态两个方面。因此，对强化后的流域管理机构来说，重要的是要明确相关部委、地方政府、当地利益相关各方的参与、角色和职责。考虑已组建的生态环境部和自然资源部，这一点尤其重要。在任何体制下，这些流域委员会都要在横向和纵向两个维度发挥平台作用，以增进政策协调、促进合作行动，实现共同的流域目标任务。

最后，鉴于中国一些流域覆盖地域较大，流域管理机构自身应根据需要建立次流域级的管理机构或其他决策机构，以确保水治理政策落实到最基层。密西西比河委员会的次流域机构，上密西西比河流域协会（UMRBA）就是一个很好的例子，旨在为地方提供更多的参与机会。协会成立于1981年，其目的是促进密西西比河上游水和土地资源相关的对话及合作行动。对于密西西比河上游各州来说，协会针对大家共同关心的河流相关事务，提供协同规划和管理的区域论坛。上密西西比河流域协会还发挥提升该区域在河流资源问题中地位的作用，并在联邦机构层面为流域各州争取共同利益。多年来，上密西西比河流域协会解决了多方面的问题，包括面源污染、水质规划和管理、跨流域调水、成本分摊策略、水项目融资、泥沙和侵蚀、危险物溢漏、有毒物污染、栖息地修复、航运能力建设、航道维护、洪水响应和灾后恢复、洪泛区管理、湿地保护、水电开发和许可以及干旱规划等。

建立新型流域管理机构有多种方式可以选择，但这些方式各有优缺点。中国的河流流域面积大，不同的体制模式可能适合不同的流域情况，因此可在一个或多个流域进行不同模式的试点改革，然后再加以完善并在全国范围内推广。同时，各流域管理机构要充分参与国家级的水政策制定工作，改革后的河流流域管理机构应与国家协调机制建立一种正式的关系。这种关系的理想状态是，国家协调机制以政策引导的方式，为流域管理机构的运行提供战略方向。可行方式之一是流域机构针对防洪、污染和水资源配置等具体问题，在协调机制下再设立专门的机构，由制定相关具体政策及方针的部委和机构代表组成。与国家协调机制不同的是，这些专门机构可以定期举行会议，并视需要寻求国家机构的指导。这种做法将鼓励流域机构以更多促进不同机构间合作的方式开展工作，并且使其能够更好地仲裁和处理跨机构或辖区的事务。如前文所建议，这些改革可以通过修订现行《水法》，或单独制定《国家河流流域管理法》的形式实现。

3.3 在省级河（湖）长制与流域机构间建立明确的协调机制

除了设立流域机构外，针对水资源跨地域性的内在属性，中国还采取了一项独特的解决方案。2016年12月，中国政府为国家的主要河流建立了"河长制"，此项措施之后还推广到主要湖泊及其他水体。河（湖）长通常由地方、县和省级的高级官员担任，负责其行政区域内主要水道和湖泊的每一河段或水体。河（湖）长制的主要目的是加强关键水政策措施的实施和问责，包括用水控制、水质保护和退化水体功能的修复（见专栏3.2）[1]。在一些情况下，对于跨行政区域的污染和生态系统保护问题，地方政府官员缺乏从根本上解决此类问题的动力[2]，因此河（湖）长制还被寄希望于解决这些现实问题。这些官

---

[1] 见环保部网站"无锡：发起'河长制'强化河道整治"，2009年5月26日，http://www.mep.gov.cn/home/ztbd/rdzl/hzhzh/gdsj/200905/t20090526_152010.shtml。

[2] 见环保部网站，2009年5月26日，http://www.mep.gov.cn/home/ztbd/rdzl/hzhzh/gdsj/200905/t20090526_152010.shtml。

专栏 3.2	无锡的河长制

无锡市紧邻太湖，地处人口稠密、发展迅速的江苏省，长期以来一直在努力解决水污染问题。无锡市是与中央和省级政府合作，最早建立河长制的地方政府之一。2007年，无锡市将水质指标纳入地方政府官员考核体系，以确保地方领导认真对待这一问题。人们普遍认为这是一项成功的实践探索，监测水质达标率从之前的不到25%提高到2008年底的近75%。同时，市委书记兼任河长，表明了市政府领导在解决这一问题上的决心。

员要对管辖区域内的环境保护和水质目标的实现负责，即使他们随后被调往其他地区任职。根据相关规定，省级河（湖）长负责确保其管辖区域内水政策的有效实施，尤其是涉及水质的政策（Xu，2017）。因此，河（湖）长制使每一个省、市、县、镇的领导对于关键的水管理职责有效地负起责任来。但河（湖）长职位的设立也反映了这样一个事实，即有关政策事项的落实在过去常常受制于政府间协调的不力。这一制度的设立，希望可以促进各部门政府官员的共同努力，确保主要水政策目标的实现。尽管河（湖）长的职责范围很宽，但水质管理是重点。在2018年1月修订的2008版《水污染防治法》中，河（湖）长监管水质、实施污染防治法规和监督生态修复工作的职责得到了明确（China Water Risk，2017b）。

综上，河（湖）长制独具特色，是中国应对其独特水资源问题的措施。目前，对河（湖）长制及相应监督体系实际发挥的成效，还需长期跟踪评估。中央政府对此建立了一系列的机制，如地方官员在迁任他处之前，要通过资源环境绩效审计；对官员任期内决策所造成的环境损害实行终身问责机制（World Bank，2017b）。此外，河（湖）长制与中国现有的流域委员会之间的关系也有待明确。一种途径是请省级河（湖）长加入其行政区域范围内的流域管理机构。另一种途径是，在各省级河（湖）长与相关流域管理机构之间设置联络员，以保证两个机构之间的沟通和协调。这一模式还可以根据实际情况进行延伸，对大型流域，如黄河流域、长江流域等，这一机构可涵盖河（湖）长首脑，或涵盖各级河（湖）长（如中央、省、市、县、镇等）。此外还可以更进一步，建立流域管理机构与河（湖）长共享数据及信息的平台，如太湖流域已经成功建立该机制（Huanbaohu，2009）。无论采取何种具体方式，新设立的河（湖）长与流域管理机构之间建立明确的沟通和协调渠道十分必要。

第4章　重点领域三：
完善和优化经济政策工具

中国雄心勃勃的改革创造了多种经济政策工具，只有充分协调其使用及适用范围才能取得最大成效。中国对用水户采取不同的价格、税率和费用，以鼓励节约、获取外部效应，并且在向成本回收靠拢。目前正在试行的一些政策（例如分级定价、水权交易）可以进一步扩展，并吸取国外经验教训。然而，这些工具的有效性仍需要有进一步的实证研究来进行评估，从而优化其运用效果。这些成功的经济机制可以更好地加以利用，以推进国家目标的实现，如"三条红线"等。

4.1　扩大经济政策工具的使用，以促进更加可持续的用水

在可能用来促进可持续用水的工具中，没有哪一种比得上水价机制及其他经济政策工具发挥的作用。联合国水资源高级别工作组（HLPW）充分肯定水价机制在水资源管理中的关键作用，并在2018年报告中指出，"准确认识水资源的价值是提升水资源管理的基石"，"对水或水服务适当定价，是认识水资源价值的至关重要的方式"（HLPW，2018）。水价机制的影响力在于它能向用水户发出

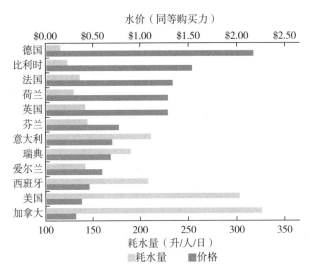

图4.1 水价与用水量关系图

注: PPP = 平价购买力。

明确的信号，向他们表明水资源的稀缺价值，以及保护水资源的重要性（见图4.1）（Shore，2015）。适当的水价制定机制也有助于促进水从低价值向高价值用途重新分配，例如从灌溉用水向工业用水的重新分配，同时适当的水价制定机制还是成本回收的重要来源（基础设施投资成本和运营维护成本）。然而，全球范围内的水价仍普遍过低，无法实现这些目标。例如，2017年水务管理人员曾得出这样的结论：美国的水费必须翻一翻，才能为基础设施的升级改造买单，并达到节水目的（GWI，2017）。

在利用经济政策工具的杠杆作用实现各种水政策目标方面，中国取得了很大成就。2013年的十八届三中全会决定要深化"市场方向"改革，使基于市场的政策工具发挥更大作用（Moore，2013）。为促进节水，中国进行了水价改革的试点；为实现最高利用价值、推动水资源重新调配，中国开展了水权交易试点（Moore，2015）。从总体上来讲，这些改革方向正确，但在推广之前还需要对其有效性进行进一步分析，包括通过详细的实证分析确定当前定价结构和政策是否达到预期效果（如减少用水、遏制地下水超采、成本回收度和经费可持续性等）。

饮用水定价机制旨在提高用水效率，实现节约用水，符合建设"节水型社会"的愿景。制定水价需要考虑各种常规和非常规水源的稀缺性和成本。除水价工具外，还有各类税费措施用于鼓励节水、提供水利基础设施建设资金。一般来说，水资源费用于支付大型供水和输水工程基础设施的投资、运行和维护成本。而水资源税则考虑的是特定用水的外部环境特性，主要是对地下水开采征收水资源税。污水处理费用于支付污水处理厂的投资、运行和维护成本。这些税费往往由不同的政府实体来征收，因此形成了一个复杂和分散的系统，对推进水资源可持续利用的作用较为有限，而且标准也常低于水资源真实稀缺价值的合理评估。例如，2015年主要产煤区地表水的水资源费是$0.1 \sim 0.6$元/m^3，地下水的水资源费是$0.2 \sim 0.3$元/m^3，而实际水的影子价格估计在$11 \sim 81$元/m^3（Thieriot and Tan，2016）。

中国的一些地方在改革水价、促进水资源可持续利用方面取得了良好的进展。例如，为了鼓励节约用水，北京制定了分级累进的阶梯水价（表4.1）。同时，对不同用途的水，如

表4.1　　　　　　　　　　　2017年北京市水价及其结构

水价分类	价格（元/m^3）
居民生活用水	第1级：2.07 第2级：4.07 第3级：6.07
行政事业用水	城镇：9.5 农村：9.0
工业用水	城镇：9.5 农村：9.0
服务业用水	城镇：9.5 农村：9.0
特殊用水	160

资料来源：World Bank，2017j。

注：许多地方政府针对每一类用水给出了一个水价区间值。为简单起见，该表仅列出了每一类别的最高水价。

高尔夫球场等，制定了不同的水价。这样的水价结构有利于引导水资源的高价值利用。同时，为减轻贫困农民和农村居民的生活负担，城市和农村的水价也有区别。近年来，一些城市为鼓励再生水的利用，对其实行了优惠价格。截至2010年，已有18个省的37个市县对再生水实行了优惠价格（World Bank，2017j）。为了最大限度发挥节水功效，阶梯水价的级差结构如何确定也需要仔细斟酌。最近一项关于递增式阶梯水价结构的研究表明，2002～2009年间，实行递增式阶梯水价的28个城市和不实行递增式阶梯水价的110个城市进行比较，居民年用水需求的减少，短期在3%～4%左右，长期在5%左右（Zhang、Fang and Baerenklau，2017）。这些数字一定程度上说明，在定价结构和价格弹性方面仍有改进余地（见专栏4.1）（Wang、Huang and Rozelle，2000；Wang and Lall，2002； and Webber et al.，2008）。

专栏4.1　　中国用水需求的价格弹性估算

与许多国家一样，在中国，有关价格弹性绝对估算方法的研究相对很少，尤其是关于农业用水，其耗水占据用水总量的一大部分，已有研究的估算数额差别也很大。就工业用水而言，Wang和Lall（2002）建议总价格弹性是-1.0，Zhou和Tol（2005）建议是-0.2～-0.35，而Jia和Zhang（2004）则认为应该是-0.5。对于生活用水来说，估算价格弹性的范围是-0.35～-0.55。农业用水估算的价格弹性通常比较低。Wang等（2000）建议-0.35～-0.041，Cai和Rosegrant给出的是-0.11。

对于中国的水价改革来说，这些价格弹性的粗略估算有两层含义：第一，这些价格弹性指数的数据表明，一般来说，只有当水价有一个较大的提升，才会导致行为的改变和用水量的减少，尤其是农业用水；第二，价格弹性的估算显示，生活、工业和农业用水的水价仍然有提升空间，从而使其更接近于供水运维的全成本。

为进一步鼓励节约用水，价格机制需要释放更加明确的信号。例如，供水公司可以在每一个用水户的水价账单上详细列出各个科目的明细（如供水、污水处理和取水），从而传递给用户更明确的信号，使其意识到节水的重要性（Xie et al.，2008）。例如在美国，一些水务公司会向每个用水户提供详细的分层级的用水量，以及与"高效"用水户所支付水费的比较（World Bank，2017）。在中国的缺水地区，尤其是西北地区，可以考虑在用水户的分类中增加特殊用水类别，如发电厂的冷却水，以鼓励采用节水技术（Tan，2017）。

表4.2列出了不同用水户和地区之间水资源费和水资源税的结构差异。然而，值得注意的是，水资源税不是累进制的，它是以固定水量而不是边际定价为基础。这种方法并没有像边际成本定价那样，向用水户发出强烈的信号，使之接纳替代方案、减少取用地下水，因此可能无法完全解决因地下水超采引发的外部环境问题（World Bank，2017j）。对于正在设法减少地下水使用量的地区来说，应该考虑边际成本定价的问题。

2016年，中国在河北省启动了一项试点计划，用基于水量的单一水

表 4.2　　　　水资源税和水资源费及其结构（元/m³）

用水	水资源费 – 北京（2017）	污水处理费– 山西太原（2008）	污水处理费 – 北京（2017）
生活	1.57	0.5	1.36
行政/政府	不适用	0.5	3.0
工业	城市地表水：2.3 城市地下水：4.3 农村地表水：1.8 农村地下水：3.8	0.8	3.0
服务业	城市地表水：2.3 城市地下水：4.3 农村地表水：1.8 农村地下水：3.8	1.0	3.0
其他	153.0	1.0	3.0

资料来源：世界银行，2017j。

资源税取代水资源费，并提高地下水的税率，以抑制开采几近枯竭的地下水。地表水资源税定为0.4元/m³，而地下水资源税为1.5元/m³，远高于地表水（World Bank，2017j）。其抑制地下水超采的效果还有待时间来证明。单一税率易于管理，也易于用水户理解和支付。水资源税率的简化将成为缺水地区鼓励节水和支撑生态功能的一项重要工具。虽然河北的改革侧重于解决水量问题，但中国政府于2017年10月宣布，自2018年开始，在全国范围内，对每污染当量水污染物排放征收1.4～14元的环境税，取消之前由地方政府自行决定收费标准的做法（Zhang，2017b）。此项改革旨在更好地解决由不可持续用水和水污染引发的外部环境问题，应该得以继续和加强。

对于农业灌溉用水来说，由于其供水成本较高，成本回收是一项很重要的指标。2002年版《水法》尝试规范大型水利工程的成本回收制度，规定供水企业直接由地方政府和管理单位收缴水费（World Bank，2017j）。

然而，多数情况下，农业用水价格远低于供水成本，且因水价太低，无法实现水资源的可持续利用。根据2010年对414个大型灌区的调查，农业供水成本高达1.18元/m³，但最高水价仅为0.35元/m³，且90%的受调查灌区水价低于此水平。从全国范围看，大规模农业供水平均价格仅为0.0611元/m³（World Bank，2017j）。新疆塔里木河流域几个灌区的农业用水价格数据可以进一步说明这一差距（表4.3）。表中的这些灌区是长期进行农业水价改革的试点地区，改革措施包括自2016年开始的农业水价综合改革，一些地区的改革将持续至2020年。尽管如此，水价仅在少数情况下可以接近回收成本。尤其对于干旱半干旱的新疆来说，这样的低水价远无法反映水资源的稀缺性（World Bank，2017j）。宁夏也是类似情况，尽管对农户的超定额用水收取了较高的水费，水价还是远低于稀缺性定价的水平（World Bank，2017j）。因此，实现供水的全成本回收还需要继续努力。

表 4.3　　　　　　　　　　　新疆的灌溉用水水价改革（元/m³）

地区 / 灌区	供水成本（2010）	水价改革第一阶段（2016）	水价改革第二阶段（2018）
开都河	0.0405	0.0324	0.0405
胜多河	0.0932	0.0746	0.0932
阿克苏河 1	0.0168	0.0118	0.0143
阿克苏河 2	0.0168	0.0084	不适用
阿克苏河 3	0.0168	0.005	不适用
阿克苏河 4	0.0168	0.0118	0.0143
阿克苏河 5	0.0328	0.023	0.0279
喀什	0.0149	0.0131	0.0153
和田	0.0076	0.0053	0.0065

资料来源：World Bank，2017j。

总之，深化经济政策改革是中国实现水政策目标的关键。现行的调整水价结构及整体提高水价的做法，为解决不可持续水资源利用造成的外部性问题提供了机会，包括地下水超采等。同时，水价调整也为一些水利基础设施实现全成本回收提供了机会，为中国水资源行业的资金可持续性提供了保障。然而，实行这些改革也对体制改革提出了新要求。近年来，各级政府部门过去已经使用了各类水价机制，如不同的税费等，且往往还是重要的收入来源。深化改革需要中央和地方政府之间的密切配合，以确保充分利用价格机制，实现"三条红线"等政策目标。最后，尽管水价改革总体上已走上正轨，但还需要对其有效性进行进一步分析，包括通过详细的实证分析确定当前定价结构和政策是否达到预期效果（如减少用水、遏制地下水超采、成本回收度和经费可持续性等）。

4.2　提升"三条红线"的实效

中国目前的水治理体系中最重要的部分即"最严格的水资源管理制度"，或称"三条红线"。该制度的核心内容包括水资源开发利用控制红线、用水效率控制红线、水功能区限制纳污红线。迄今为止，从结果来看，该制度的实施效果较为明显。在中国水资源分级管理体系下，根据详细的、公式化的程序，国家控制指标被分解为省和地方行政区域的控制指标。控制目标设定依据的是2013年出台的考核办法，重点考核若干关键指标方面的进展，包括总用水量、工业用水效率、农业用水效率和水质。2016年，该体系中又增加了两个指标：单位GDP用水量降幅和污染物总量减排量（World Bank，2017j）。

"三条红线"每一项要素的目标设定都制定了详细的指导程序。对于每个行政区域，考虑的因素包括当地水资源状况、规划工程和基础设施项目、国家经济和社会发展规划以及当地的发展规划，通过现行的取水许可制度和经济手段（如水价、水资源税和水资源费），控制用水量，鼓励节约用水。用水效率指标的设定则在企业或生产单位本级来确定。将基于用

水总量限额的用水定额分配到每个生产单位，然后生产单位将其作为设定效率指标的依据。用水效率指标主要是通过奖惩制度来实现的，根据生产单位遵守政策规定的情况，对其给予相应的认可或罚款。水污染目标是根据水功能区来划定的，即根据水体是否在水源保护地、自然保护区、工业区或其他用水区域，规定不同水体的总污染负荷。水质管理主要通过提高生活污水和工业污水处理能力、严格控制排污许可，以及根据污染物类别实行差别收费等手段等来实现（World Bank，2017j）。

四项改革措施将有助于进一步加强"三条红线"的实效。"三条红线"水量控制目标也可考虑基于实际的耗水量。现行的水量控制目标以取水为基础，这就假设了取水的减少可实现"节水"。然而，对于农业来说，灌溉用水并没有完全消耗掉，因而取水量的减少并不是真正节约的水量。这是因为灌溉用水可能通过径流或地下水回灌到水系中，并再次被利用。因此，要实现真正的节水，应采

取措施减少非有效蒸散量①。为了加强"三条红线"目标管理的实效，可以将实际的耗水量（蒸散量，而不是简单的取水量）纳入水量许可和控制指标中。这种以耗水为基础的水量控制可以借助于卫星遥感等技术来实现。中国在新疆吐鲁番的节水项目中，已经积累了建设基于蒸散量的水权管理系统经验，这些经验可以在中国其他地区推广（见专栏4.2）（World Bank，2013b）。

---

① 无效蒸散量对作物生产没有作用，如杂草的非生产性蒸腾作用，水库、沟渠、喷灌设备、土壤和植物表面的蒸发，以及未被利用和再利用的回水等。

专栏 4.2　　基于蒸散量的中国吐鲁番盆地水资源配置

吐鲁番盆地位于新疆维吾尔自治区，是中国最热、最干旱的地区。近年来，随着经济快速增长，水资源消耗已经超过了供给，导致了严重的地下水超采，威胁盆地农民的生计。如同中国的很多地方一样，吐鲁番农民的用水是配额制的，这就造成了配额内的水"不用白不用"的情况，因而助推了流域内总用水量的增加。

为了消除这种不合理的激励措施，促进水资源可持续利用，世界银行资助了一项新疆吐鲁番节水项目，该项目通过基于遥感的蒸散观测系统，实现对耗水量限制的监测和实施。蒸散量计量作物的耗水量，而传统方法则计量从水井或渠道的取水量，后者没有准确反映渗入土壤或蒸发的水量。

总体来说，针对总用水量控制的要求，吐鲁番地区基于蒸散量的水权管理系统由五个要素组成：首先，收集整理整个盆地的蒸散量数据，以便精确计量该地区总的水量平衡情况和作物可持续耗水量；其次，根据吐鲁番盆地总耗水量，对盆地所有三个县中的每个都制定总耗水量目标；第三，这些目标被分解到每一家农户；第四，在农田作物耗水量观测数据的基础上，根据基于卫星遥感的蒸散量数据，验证每一家农户是否遵循了用水限额的要求；第五，通过定期的家庭和现场查勘，对观测数据进行验证。此管理系统的五个要素，为整个吐鲁番盆地总耗水量的控制提供了一个可持续的管理框架（World Bank，2013b）。

下图是吐鲁番盆地基于ET的耗水量测监测平台实例。

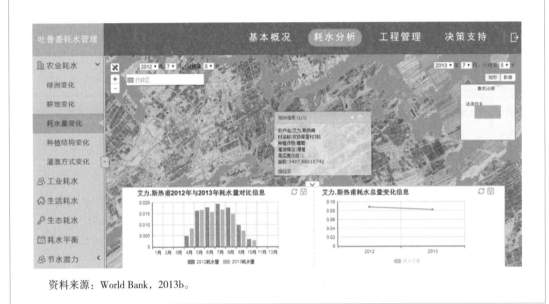

资料来源：World Bank，2013b。

尽管生态环境部水污染防治的职能得到了加强，但要实现污染控制的有关目标，可能还需要各个机构和地方各级政府的合作。因此，未来目标应由各方共同制定。这一点对于实现目标的责任分工来说也同样重要。广义上来说，利益相关各方在目标制定过程中更广泛的参与，可以保障具体环保措施与管理更好地结合。第三，工业用水效率（万元产值用水量）指标保障了以用水效率最大化为导向；类似的效率指标也可以用于农业灌溉。这也表明，从长远来看，农业用水配置应该向为国家带来最大价值的作物种植倾斜。此外，应对实际的田间灌溉效率进行计量，利用更科学的方法来确定农业用水效率。

最后，如果地方一级（较低行政级别）的用水指标一旦确定，就很难有调整的空间。但是，这种灵活性又是必需的，因为水的供给和需求是随时间和空间的变化而不断变化的。解决方法之一就是从水权交易的角度来考虑取水限额的问题。也就是说，地方取用水的配额指标（由耗水配额确定）不能突破，但是准许水权的持有人与其他实体进行买卖交易，因为有些地方实现这些目标所需付出的努力和成本可能比其他地方更大。因此，实行水权交易可以最大限度地降低国家级总体目标实现的成本。这种做法还有助于更好地利用中国现有的试点经验，在全国范围内建立水权交易制度。

自21世纪初以来，中国就开始试行开展水权交易项目（Moore，2015）。2003年，宁夏和内蒙古实施了首个跨省补偿调水试点项目，通过灌区投资节水，将"节省"下来的水卖给工业企业，并建立了机制。截至2012年，这个试点项目完成了39例此类转让。2007年，水权交易又向前迈

出了重要的一步，当时宁夏要求所有新建工业企业必须从现有水权持有者手中购得水权，此举有效地限制了当地的用水量。2014年，水利部启动了7个省的水权交易试点。这些试点项目尝试建立水权交易的三个基本要素，即用水定额的制定（cap setting）、水权配置和水权交易，继而为省级水权交易奠定基础。但这些试点项目的进展缓于预期（World Bank，2017k），试点结果有待进行进一步的研究。到目前为止，在项目实施的7个省中，只有宁夏、甘肃、江西、湖北已经开始对水权配置进行审核。在少数地区，相对较大规模的交易得到了实现。例如，江西完成了一项交易额为255万元/年、交易期限为25年的水权转让合同，将6205万m^3山口岩水库的水转让给了安源区和萍乡经济技术开发区。而其他省份，如江苏省，流域一级的用水定额的制定仍在进行中（World Bank，2017j）。

2016年，为充分发挥市场在水资源配置中的决定性作用，推动水权交易规范有序开展，全面提升水资源

利用效率和效益，中国水权交易所成立，这是一项充满希望的创新之举。中国水权交易所注册资本为6亿元人民币，出资人共12家，包括水利部下属企业、中国七大流域机构和北京市政府。这种独特的所有权结构给予了交易所特殊的全国性的影响力，也有助于避免曾阻碍其他水资源管理机制的一些政府间的冲突。中国水权交易所的目的是，通过识别潜在的交易机会，为有意转让水资源的实体提供资源，并帮助用水户之间开展代理转让，促进水权交易。水权交易所的组织结构类似于一个有限责任公司，包括股东大会、董事会，以及交易运行、发展与信息、风险管理等4个部门。

在一年的运行过程中，水权交易所制定了促进水权交易的相关标准，涉及交易费、交易协议、意识提升和风险管理等方面的导则。截至2017年3月，水权交易所代理了10起交易，取得了初步成功。其中一些交易是与省级交易所联合进行的，主要是在内蒙古自治区。如表4.4所示，这些交易体现了目前在中国实行的水权交易的几个特点。首先，这些交易主要集中在内蒙古和北京等地区。其次，绝大多数交易在同一地区内进行，跨省级的水权交易则很少。第三，交易有多种不同的形式，包括政府间协议（即"协议交易"），企业间的交易（即"公开交易"），以及水库或灌区的交易（即"协议交易"）。第四，多数交易是通过灌区节水来实现的，如通过衬砌渠道防止渗漏进行节水并转让给工业用水。第五，转让的价格仍然很低，最高的转让交易价格是南水北调项目（World Bank, 2017j）。中国水权交易的这些特点，不仅体现了交易机制的潜力，也表明，要建立覆盖全国大多数用水户、功能全面、成交量大的市场，挑战依然存在。

通过与澳大利亚墨累–达令河流域水权交易制度的比较，中国可以改进的地方还很明显。墨累–达令河流域年均市场交易额约为20亿澳元。流域内的水权是法律赋予的应享的权力（基于取水量而不是耗水量），是一

表 4.4　　　　　中国水权交易所水权交易成交信息（截至2017年3月）

买方	卖方	成交水量（m³）	交易水源	成交价格（元/m³）	交易期限（年）	成交类型
新郑市人民政府（河南）	南阳市水利局（河南）	2.4亿	南水北调工程	0.74	3	协议交易
内蒙古荣信化工有限公司	内蒙古自治区水权收储转让中心有限公司	0.2亿	灌区节水	0.6	25	公开交易
内蒙古京能双欣发电有限公司	内蒙古自治区水权收储转让中心有限公司	500万	灌区节水	0.6	25	公开交易
乌海神雾煤化科技有限公司	内蒙古自治区水权收储转让中心有限公司	12.5亿	灌区节水	0.6	25	公开交易
阿拉善盟孪井滩示范区水务有限责任公司	内蒙古自治区水权收储转让中心有限公司	250万	灌区节水	0.6	25	公开交易
山西中设华晋铸造有限公司	山西运城槐泉灌区	9万	灌区节水	1.2	5	协议交易
北京市白河堡水库	河北张家口市云州水库	130万	水库	0.06～0.35	1	协议交易
北京官厅水库	张家口市友谊水库、张家口市响水堡水库、大同市册田水库	574.1万	水库	0.294	1	协议交易
新密市水务局（河南）	平顶山市水利局（河南）	240万	南水北调工程	0.87	3	协议交易
宁夏京能中宁电厂	中宁国有资本运营有限公司	328.5万	县农业节水	0.931	15	协议交易

资料来源：World Bank，2017k。

个清晰界定的、针对特定水源可用水量的份额。水量的份额每年（甚至年内）都会变化，取决于子流域级的可用水量。在州立法中，有许多不同的水权类型，其可靠性各不相同。"高可靠性"的水权持有者可以期望在95%的年份里，获得"全部"的水量配置。"一般可靠性"或"低可靠性"的水权持有者只在较低保证率的年份可以获得"全部"的水量配置。因此，持有者应享有的水权是由流域或子流域可用水量、可靠性以及名义上的完全水量来决定的。水权交易（或季节性的配置）并不影响这些特性；各州有时会对其辖区之外的交易施加限制条件，并且在长距离调水的交易中，考虑到实际输水过程的损失，给出水量交易比率。相比之下，在美国西部地区，每一季节的实际水权在一定程度上取决于当时的流量，年际之间的可靠性较低，因此人们在水权交易过程中的信心受到影响。此外，对于有着相当大库容的墨累–达令河子流域来说，水权持有者可以在年际间存储或结转水量，从而扩大了可能的交易范围（Grafton et al.，2010）。水权持有者可以获得水库储蓄水量的一定份额。

墨累–达令河流域水权制度相对成功的经验来源于一个持续改进的过程。1994年的水务改革框架建立了其中可能最为重要的一个概念，即与土地所有权分离的可交易水许可证。在2004年的"国家水资源计划"中，通过区分永久性、季节性和其他形式的水权，建立了一个更为综合和成熟的水权配置的方法，并通过可交易的水

权，实现用水的管理。为了解决原水权交易市场设计中的缺陷，之后的改革增加了2个关键要素（Varghese，2013）。首先，引入了新的规定，禁止将地下水开采作为购买地表水使用权的替代方案。其次，确定了环境用水的水权，以确保最小环境用水流量得以维持。在墨累–达令河流域，将大部分水配置给最高边际价值用途的做法，提高了用水效率，帮助解决了日益严重的缺水问题（Grafton et al.，2010）。通过采纳类似的水权交易制度原则，并利用三条红线的区域耗水限额，中国可以建立在不同用途和不同用水户之间有效配置水资源的强有力的水市场。

4.3　取水许可制度与排污许可证制度的关联

像其他许多国家一样，中国主要通过向用水户发放取水许可证来控制取水（或抽水）。取水许可制度最早形成于2002年的《水法》；2006年国

务院令明确提出，取水许可证的发放
应确保总用水量不超过当地的可用水
量。取水许可证的审批程序，目前仍
由水利部完成，要求开展全面评估，
可能会对用水户附加限制条件或进
行公开听证（见图4.2）。取水许可
证的有效期通常为5年，一般不超过
10年，持证人可对原有条件提出修改
申请，包括水量及用途。但是，目前
还没有允许取水许可证进行交易的机
制，因此持有人只能尽可能多地使用

许可的水量（Griffiths and Dongsheng,
2014）。中国自20世纪80年代末开始
在部分地区建立排污许可证制度，未
获得许可禁止排放污染物（Wang,
2008）。2017年，环境保护部开始在
全国范围内扩大和加强实施污染物排
放许可制度，要求82个指定行业的所
有固定污染源排放需申请许可。与取
水许可不同，排污许可持有者通过淘
汰落后和过剩产能、清洁生产、污染
治理、技术改造升级等途径所削减的

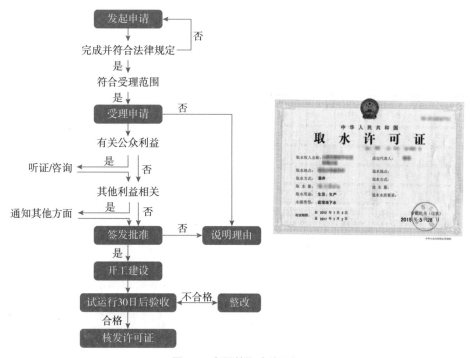

图4.2 中国的取水许可证

资料来源：China Water risk。

污染物排放量，可按规定在市场交易（GoC，2017）。总之，中国国内采用两种许可制度，分别用于取水许可和排污许可。

通过将取水许可与排污许可制度关联，中国可以增强控制水污染和总耗水量的行政管理和监管能力。例如，如果一家企业的排污量超出了其许可证允许的限额，这种违规将可能引发对其取水权（许可）的限制（除了对其罚款或限制其排污以外）。双重惩罚可向这样的企业发出明确信号，为从水量和水质两方面改善中国水资源管理提供激励。目前，很多企业屡屡超许可限额违规排污，它们要么无视罚款，要么把罚金当作经营的微小成本。将这两项制度结合，制定相应的规章，可以进一步提升其调控能力。此举还可能有助于协调自然资源资产管理，这是新成立的自然资源部的重要职责。例如，用水权的授予或许可与土地利用管理相结合，以防止水土流失、改善水质，这也为不同部门间自然资源的协同管理提供了新的机会。

第5章 重点领域四：
提升适应气候及环境变化的能力

由于城镇化发展及气候变化等原因形成的宏观压力，中国的政策制定者必须考虑如何提升人民群众及基础设施抵御旱涝灾害威胁的能力。而保障水环境功能及服务，包括净化水质等，则需要进行额外的投入。中国近期以来的诸多环境、水资源管理政策，包括《环境保护法》《水法》等，均强调保护自然环境的必要性。然而目前中国的水资源管理框架在保护环境方面还存在两大不足：一是要保障河湖及地下充足的水资源储量，以维持生态服务功能；二是要重点治理面源污染，特别是农业造成的面源污染。维持生态服务功能及水生态系统可持续发展，对中国的整体发展具有重要意义。包括溪流、河湖、湿地在内的水生态系统，承担了诸多具有宝贵经济价值的功能，包括蓄滞洪水、净化水体及娱乐休闲等。因此，中国水资源管理改革的第4个重点应该是如何通过提升洪水防御能力、制定"三条红线"的生态流量目标、优化治理面源污染的政策，进而提升适应气候及环境变化的能力。

5.1 提升洪水防御能力

防洪一直以来是中国水资源管理的重点，在减少洪水风险及灾害方面，中国已经取得了巨大的成功，70年来保护了约4700万公顷土地及5亿人口，至21世纪初，因洪水造成的死亡人数由20世纪50年代年均9000人左右降低至1500人左右。然而这一成绩的取得，与防洪综合体系的建设是密不可分的，包括基础设施建设，预警系统建设，以及中央、流域、省、市、县、乡各级有序的应急指挥及抢险机制建设（见图5.1）。20世纪90年代至21世纪初，防洪基础设施总体投入增长了四倍有余（Cheng，2006）。同时，中国《防洪法》于1997年生效，2005年和2016年修订，规定了防洪区范围，并要求有关部门制定相应防洪规划。相应要点工作之一即保证决策支持系统与气象预报充分结合，使地方政府在预知洪水险情后能更快地采取应急措施，提升防汛抗旱总指

挥部抢险能力。此外，中国设立了98个国家级蓄滞洪区，分别制定了水库大坝运行及应急撤离方案（Moore，2018）。

然而，受体制限制，中国的防洪体系依然依赖于基础设施保障。由于快速城市化以及相应的地面硬化阻碍降水下渗，湿地及地下含水层蓄滞洪水能力降低。以上海市为例，城镇区域面积已由1950年的60%上升至2001年的80%，为增加城市用地大量填埋河湖、湿地、含水层及其他水体，排泄、蓄滞洪水能力大大降低。因此，上海地区受沿海风暴潮影响的人口增长了1500万，可能造成的经济损失增长了300亿美元。要充分应对这些

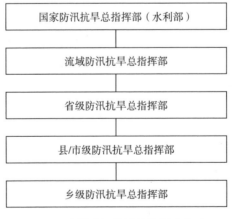

图5.1　中国防汛抗旱总指挥部体系

挑战，传统的资本密集型防洪基础设施可能成本过于高昂（World Bank，2017d）。

在这种情况下，绿色基础设施建设以及生态替代方案更具优势，包括生态湿地、自然湿地、蓄滞洪区、透水路面、绿化屋顶、雨水收集利用等。为充分应对洪水风险，将防洪区内的"灰色"与"绿色"用地相结合非常有必要。保留大片空地可辅助提升地下水回灌率，也可以提升地下含水层蓄洪能力。同样，保护或恢复湿地也可相应提升蓄洪能力，另外还可以带来净化水体、为鱼类及野生动物提供栖息地等额外好处（见专栏5.1）（World Bank，2017d）。在海绵城市建设中，中国已经将这些方法纳入考虑。吉林省白城市作为"海绵城市"试点，大胆地尝试将约25座水库、160个湖泊连接，额外形成67000公顷河道面积、增加蓄滞洪能力30亿方，大大提升了城市蓄洪能力（Li et al.，2016）。同时，此举还增加了地下含水层蓄水量，从而提升应对旱灾的能力。政府可进一步扩大和试验这些措施方法，另外还可以考虑综合型措施，将传统方法和绿色基础设施相结合（World Bank，2017e）。

此外，各国也都越来越多地使用综合型的洪水风险管理措施，不再无区别地对所有地区提供保护，而是根据风险评估有针对性地进行投资（Hall et al.，2003）。中国的防洪政策已经一定程度上将这些类似的原则纳入考虑。《防洪法》根据洪水风险详细划分了蓄滞洪区，并且不鼓励在这些区域内进行高密度开发或基础设施建设（Moore，2017）。2010年，国务院还出台了关于切实加强中小河流治理和山洪地质灾害防治的若干意见（World Bank，2013a）。然而，其他国家的做法是进一步通过规划、区划及其他政策工具切实降低洪水风险，而不是加强防洪措施。例如欧盟洪水指令要求制定重要流域及海岸地区的洪水风险管理方案，要求划定目前及未来禁止进行住宅或工业开发的区域（见专栏5.2）。中国可以考虑对《防洪法》进行修订，增加和完善类似的禁止性条款。

专栏5.1　　　加利福尼亚州优洛河道（Yolo Bypass）

　　优洛河道野生动物保护区位于加利福尼亚州萨克拉门托附近，占地16000英亩，是美国最大的公私合作生态修复工程之一，项目将优洛河行洪道内3700英亩的面积恢复为湿地或相关栖息地（见图片）。通过水堰的系统调控，项目将洪水导离萨克拉门市区，从而有效防洪。

　　同时，项目还包括一系列季节性或常年水池、草地、河滩林等，为鸟类及其他野生动物创造栖息地。项目由加利福尼亚州与美国联邦政府下辖的私立基金合作承担，由加州渔业和野生动物保护局归口管理，被广泛视作湿地建设和修复工程的典范。

洪水淹没时的优洛河道

资料来源：USFWS Photo/Steve Martarano。

| 专栏5.2 | 欧盟洪水指令的要求 |

欧盟洪水指令于2007年发布，旨在有效降低洪水管理风险。据欧盟估算，1998～2009年，洪水灾害导致1000余人死亡，造成经济损失约640亿美元。依据该指令，欧盟成员国需采用洪水风险管理的模式进行防洪。传统防洪措施强调最大化对人民群众及财产安全的物理保护，与之不同的是，洪水风险管理模式强调以风险管理为中心，在城市规划中进行区划，防止在洪泛区内建造建筑物或设立易危设施，结合土地管理及用地规划，缓冲洪水影响。例如保护及修复湿地，在洪水发生时可发挥蓄滞作用，辅助减少洪灾影响。在城镇区域，增加透水路面覆盖率也可已相应地增加洪水下渗能力，从而防止城区地表积水。

洪水指令要求欧盟成员国绘制洪水灾害图，为洪水风险管理规划制定提供基础。这些规划规定发生洪灾时防止洪水破坏、保护人民及财产安全、开展应急抢险的具体措施，并且为灾后快速恢复提供保障。

最后，中国需要进一步推广洪水保险制度。中国的洪水保险最初于20世纪80年代开展试点，但由于个体群众及各类机构尚不熟悉保险制度，并未取得很好的效果，而且大多数情况下保费也相对昂贵。此外，洪水保险常作为一揽子风险（如洪水、地震、台风等）保险中的一部分而提供。但是在过去十年中，这些问题得到了部分解决。2007年开始实施的一项农作物保险取得了良好的效果，2007～2012年的保费增长达三分之一，极大地推动了保险制度的实施。截至2015年，商业保险覆盖率也从极低的比率增长至3.5%。近年来发布的文件，包括水利部2014年发布的指导性意见，也都鼓励实施洪水保险。但要提高洪水保险覆盖及投保率，尚有一些任务待完成（World Bank，2017d）。第一，根据详细的洪水风险数据及洪水风险区划，精细调整保费，从而促使保险价格回归理性，促使更多业主购买保险。目前，官方尚未正式公布任何洪水风险图。第二，政府需与行业紧密合作，提高保险覆盖率及赔付金额，同时还需提升保险赔付效率。最后，公众的保险意识、对洪水保险潜在益处的了解程度有待提高。这些任务的完成有助于推动洪水保险行业发展，提高投保比率（World Bank，2017d）。相关工作可关注国外通过商业机构激励投保的做法。关于美国的洪水保险计划可参阅专栏5.3。

专栏5.3	美国的国家洪水保险计划

国家洪水保险计划（NFIP）是美国在洪灾援助方面的主要国策。名副其实，该计划系联邦政府支持的保险计划，使存在洪水风险区域的住宅、商业及其他业主能通过购买保险的方式，规避洪水灾害的风险。该计划在最初制定时，即希望借此限制高洪水风险区域的开发，并根据实际的洪水风险程度调整保费额度，以此将高风险区域开发的经济风险转嫁至政策制定方身上。计划主要由三大部分组成：编制洪水风险图，设定洪水风险区域内建筑物抵御灾害的最低建造标准，以及制定保费支付的系列规定。

计划中规避风险、确定保费的策略原先希望可以使其经费实现自给自足。然而，由于政府层面希望可以尽量压低保费标准，另外由于大规模城镇化和极端天气事件频发造成索赔增加，保险计划资不抵债，不得不依靠政府的大量资金补贴，2005年以来平均每年需补贴250亿美元。多项评估显示，由于政策漏洞、洪水风险图更新不及时、人为降低保费标准致其无法反映真实风险程度，该保险计划在限制高洪水风险区域开发方面只发挥了部分作用。

资料来源：Lee and Wessel，2017。

5.2　制定"三条红线"的生态流量目标

尽管"三条红线"囊括了重要的水质目标，但是这些目标没有能够充分直接反映生态系统整体功能及要求。生态系统提供重要的生态服务及功能，对人类社会及经济发展具有重要意义。这些服务及功能包括：净化水体、调节水流、制造氧气、培育保持土壤、食物供给、为动植物和微生物提供栖息地以及休闲娱乐作用等（Cui et al.，2009）。2008年的一项研究表明，深圳市湿地及水系在蓄滞水源、净化水体方面产生的效益高达1亿元人民币；2015年的另一项研究则表明，北京市密云区的这一数字达6000万人民币（Li、Li and Qian，2008）。事实上，城镇化快速发展所带来的相应的湿地和水系破坏，已大大减少这些生态功能及其价值。这些重要的生态系统功能应该受到充分重视，并应该设立相应的生态目标。

中国相关研究机构提议的一种较为可行的方式即建立河湖健康指数体系。考虑到水生态系统的复杂性和多样性，河湖综合健康指数可作为工作目标。该指数分别针对水文、物理结构、化学、生物及功能设置了多个指标，包括充足的生态流量、水下及浮游生物多样性、岸坡植被及稳定性、公众满意程度等。此外，欧盟水框架指令（WFD）规定的"生态系统状况分类的质量因子"也可以作为设置生态用水目标的参考。欧盟水框架指令2000/60/EC规定了衡量欧盟范围内河流、湖泊、过渡水域、海岸等区域生态状况的因子清单。清单包括生物因子（水生动植物和底栖无脊椎动物的组成及数量，鱼类及其他动物的组成、数量及年龄结构等）、水文-地形因子（水流数量及动态、与地下水体连接情况、宽度及深度变化、河床湖底结构及基质、河湖滨岸地带结构）、化学及物理化学因子（热量及氧化条件、盐分、酸化状态、营养物质状态及具体污染物质）。为对生态状况质量因子进行阈值分类，欧盟水框架指令进一步为每一因子、每一类地表水分别制定了生态状况高、优和良的标准。中国的生态用水要求可以此作为参考进行制定。

　　另一种方式可以河流及其支流为单元，制定具体的水文要求（按季节或年度）。为了持持重要的水生态系统功能，河道水系不仅需要维持一些适当的属性（例如温度、化学物质等），还需要维持一定的水位，以为动植物提供充足的符合其生物过程的栖息地（见图5.2）（Acreman and Dunbar，2004）。由于可以稀释污染物浓度，生态流量同时还有助于维护总体的水质。对于其他水利目标，如航运及水力发电等，维持最小流量也十分重要。尽管中国的水量分配体系已将生态用水需求纳入考虑，但却没有单独的过程来确定和满足这些要求。其他国家在这一方面的做法值得参考。欧盟水框架指令明确规定："为满足环境保护要求，在考虑水体自然流动情况的同时，综合考虑地表、地下水量及水质十分必要。"指令还明确要求欧盟成员国保证生态流量，规定必须"保护和改善水生态系统以及直接依靠水生态系统的陆地生态系统和湿地系统，并充分考虑其用水需求"。中国目前还没有明确的法

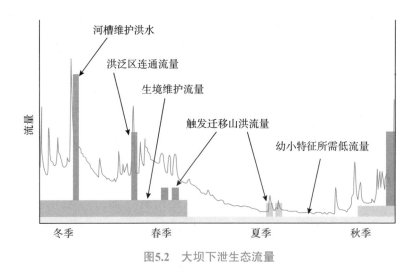

图5.2　大坝下泄生态流量

资料来源：Acreman，2016。

　　注：大坝下泄生态流量指利用水文要素通过在零流量基线之上增加的一定流量（灰色部分），以满足河流生态系统具体功能的要求。

律规定来确保环境流量。

在中国的许多地区，水权的分配可能会影响地表水流，进而对维持生态流量形成挑战。在澳大利亚墨累–达令河流域，这一问题通过综合多种措施解决。墨累–达令河流域规划的核心内容即设立长期可持续取水的限额，以防止过度消耗。为实现这一目标，澳大利亚政府通过交易和

有效投资取得了水资源所有权，形成环境流量资源组合，由联邦环境流量保持组织（CEWH）进行管理，该机构根据澳大利亚2007年颁布的《水法》（见专栏5.4）成立。各州政府也成立了相应的环境流量保持机构，由各非营利机构持有和管理用于环境功能的取水权。为保护环境和下游用水，政府还设立了相应的规章制度，对旱季取水进行限制（包括抽

专栏5.4　　澳大利亚联邦环境流量保持组织

澳大利亚2007年颁布的《水法》规定，联邦环境流量保持组织的主要职能是：管理墨累–达令河流域（以及联邦政府持有水资源的其他区域）联邦政府所持环境水资源，以保护和恢复相关环境资源；根据墨累—达令河流域规划，负责全流域环境用水。

《水法》规定，"联邦政府持有环境水资源"指"联邦政府拥有与水相关的使用权、供水权、灌溉权和其他同类权利，包括其附属或相关权利"。换而言之，持有水资源指澳大

利亚政府每年在墨累-达令河流域灌区内通过投资节水基础设施及策略性采购水资源所取得的水资源分配权利。采购水资源用于满足环境需求、投资提升供水和灌溉效率以节约水资源的任务由澳大利亚农业和水资源部负责。

对于所持水资源，联邦环境流量保持组织可用于满足相关的环境使用需求；也可继续持有并于下一年水文年度使用，以相当于或高于其环境价值的价格进行交易（买入或卖出）。

水频率和时长）。通过对洪泛平原及湿地进行有针对性的供水、对原有用水模式关键部分进行修正，这些措施旨在对环境资源及生态功能进行保护和修复。通过对所持环境水资源的战略性使用，通常是对水系流量进行补充，澳大利亚政府旨在改善墨累-达令河流域富饶的自然环境健康、保护流域的水生生物群落。该组织所持水资源由流域规划划定的17个区域的75种取水权组成[①]。截至2017年11月，联邦环境流量保持组织所持在册取水权2670106兆升，长期年均产出1835182兆升[②]。中国也可以成立相应的机构，明确生态用水需求，取得并管理相应水资源所有权。这种做法具有很强的关联性，因为正如重点领域三所述，中国目前正在推行水权交易模式，这同样是水资源分配的重要形式之一。中国可以通过立法或修订目前水管理法规系统来建立其环境流量维持机构。

---

① 墨累-达令河流域覆盖昆士兰州南部、首都直辖区、新南威尔士大部、维多利亚州过半、南澳大利亚州东南部。

② 联邦环境流量保持组织所持水资源可参阅澳大利亚政府网站：http://www.environment.gov.au/water/cewo/about/water-holdings。

此外，在制定"三条红线"的生态流量目标的同时，还应建立生态流量保障不足河流的监管和协调机制，以生态流量控制倒逼用水总量控制、用水效率的提高。

5.3　优化治理面源污染的政策

中国在加强落实面源污染治理政策、推广污水处理方面付出了巨大努力。中国建立了一套健全的水质标准体系，同时还制定了相应的政策体系以促进其实施。尽管实施过程还有待完善的空间，但这一体系为中国治理点源污染（如工厂和企业排污）提供了基础。同时，由于目前政策框架的不完善，治理面源（NPS）污染依然是一个巨大的挑战。由于面源污染的分散性，治理、监控及减少此类污染困难很大。此外，管理面源污染市场通常需要对农业及土地管理措施进行巨大的改变，这些往往远远超出水资源管理机构的能力范围。最近的普查显示，农业造成的面源污染已经超过工业产生的点源污染，成为中国水污染的主要污染源（Xu and Berck，2014）。1991~2008年，年均合成氮肥使用增量近51%，而农药使用增幅达到惊人的120%，由此产生的面源污染可见一斑。由于中国对农业增产采用了补贴加政策扶持的做法，很大程度上促进了农药及化肥使用的迅猛增长，进而造成有机污染骤增的不利影响（Sun，2012）。水体中高浓度的化学物质将对人体健康形成巨大的负面影响（Lu et al.，2015）。

中国政府在最近的政策改革中，开始积极尝试解决这些面源污染的问题。2015年，农业部宣布将大力推广化肥减量提效、农药减量控害，并分别制定了到2020年化肥和农药使用量零增长行动方案。2017年由国务院牵头12个部委制定的《水污染防治行动计划》具有划时代的意义，该计划积极推进农村面源污染控制，制定实施全国农业面源污染综合防治方案，并囊括了一系列控制农业面源污染的措施。尽管这些措施十分重要，但由于目前面源污染的严重性，中国需要采取更加积极、深入的政策。

其中一种可行的做法即试行水质交易。与水权交易相类似，水质交易旨在通过较低的成本实现污染控制目标。水质交易体系设置了指定区域内点源、面源污染排放物的上限。由于减少点源污染相对容易实现，通过允许点源污染方向面源污染方买卖水质信用额度，而面源污染方可通过改变耕作方式等途径以较低成本减少污染物，进而在达成污染物总量控制上限目标的同时降低成本、提升效率。此外，面源污染方还可以通过采取其他措施（如修复河岸等）减少由农田进入水系的径流，从而节省水质信用额度进而出售（见图5.3）。例如2011年新西兰开始实施陶波湖的水质交易项目，并成立了专门的机构——陶波湖保护信托基金。该机构负责通过购田复林减少入湖氮排放或直接从农民手中买断水质信用，将氮排放量降低至限额以下。至2012年，项目共交易32次，涉及氮排放186000磅，总计5800公顷农田恢复为林地（World Bank，2017a）。美国也开展了类似的项目，相较于命令·控制的方式，地方性的水质交易项目成功实现了以较低成本降低污染物排放量的目标（见表5.1）。据估计，美国的水质交易项目涉及污染物排放总量的68%~83%（Wang et al.，

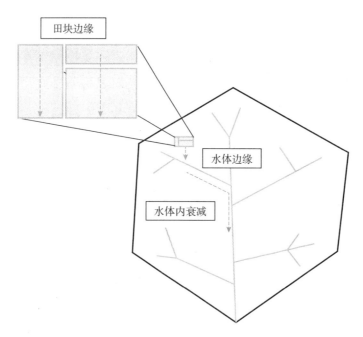

图5.3　面源污染节省水质信用的方式

资料来源：World Bank，2017a。

表5.1　　　　　　　　　　　　水质交易市场案例、成果及现状

案例	成果	存在问题
美国纽约长岛湾	2002~2014年成功降低79座污水处理厂氮排放量的65%，节约3亿美元	交易费用高
新西兰陶波湖	至2012年共完成交易32次，完成减少氮排放16%的目标；管理措施得到更多农民支持	交易费用高
澳大利亚猎人河	降低来自农场的盐分污染至900μS/cm的目标以下	盐分水平偶尔依然会超出目标标准，但主要来自自然或面源污染源
加拿大南纳雄河	实现降磷目标；尽管水质变化趋势显示水体内总磷降低，但并不能完全归功于总磷管理项目	需继续进行监测及评估来确定降磷效果

资料来源：World Bank，2017a。

2015）。例如在长岛湾，水质交易项目成功降低79座污水处理厂氮排放量的65%，节约成本3亿美元。

数十年来，中国水质控制体系的主要做法是颁发排污许可。根据国务院2000年颁布的指导意见，以及水污染防治法的规定，任何机构和个人向水体排放相关种类的污染物，包括总磷、有机氮等，必须从地方环保管理部门取得排污许可。由于一定范围及水体的污染物负荷设有上限，买卖交易排污许可的市场已经存在了一段时间。排污许可交易自20世纪80年代末以来获准开展，太湖流域的试点项目则在21世纪初正式启动。由于市场导向型政策呼声高涨，政府陆续颁布新规，为排污转移补偿体系提供更有力的保障。2014年，国务院印发《关于进一步推进排污权有偿使用和交易试点工作的指导意见》，具有里程碑意义；2016年，又印发《控制污染物排放许可制实施方案》，明确规定建立排污许可交易市场。至2013年，水质交易市场完成化学需氧量交易额达到175600吨、总磷1万吨、氨氮16万吨（World Bank，2017a）。相对于全国的污染排放，这些交易额还十分渺小。

如需完全发挥水质交易市场作用，交易活动还需要允许更多经济主体及行业的广泛参与。在国外的实践中，有些水质交易市场允许点源污染（如工业）与农业（面源污染的重要来源之一）进行交易。新西兰、加拿大及美国的交易项目中，均存在点源污染方购入农业排污额度，以及农业主体售出的同时购入排污额度的情况（Duhan、McDonald and Kerr，2015；O'Grady，2008；Selman、Branosky and Jones，2009）。

由此可见，中国的水质交易市场有必要允许农业主体参与。然而中国农业的特征使得这一做法具有挑战性，因为中国的粮食生产主要依靠2亿小型农户，2010年平均每户农户耕作的土地面积为仅0.6公顷（Huang、Wang and Qiu，2012）。如无创新改革，按照目前状况，交易成本将严重阻碍交易效益。通过在种植特殊作物的小型农户中建立交易市场，新西兰及美国俄勒冈在这一方面进行了有益尝试。首先，政府可以考虑允许专业、大型的商业或国有农场参与水质市场交易。其次，在实现规模效益、降低交易成本及风险方面，可以以村落为单位参与水质市场交易。最后，国外在这一领域积累了丰富的经验，中国在建立水质交易市场时可以多加学习借鉴。这首先要求明确水质交易市场的目标，建立监督机制切实保证减排。第一步可以针对具体行业的具体污染物排放设立减排比率，刺激水质交易市场需求。但一些重要的经济主体及用水户，例如饮用水、工业制造、农业、渔业及休闲娱乐行业等，可能会就减排目标提出异议，质疑其是否可以保障目前及未来的用水需求。针对这些问题，政府需要就如下方面制定指导性意见：①减排计量及报告；②排污数据库集中建设及报告机制；③确保可通过数据库跟踪减排及交易情况；④提供工具使地方政府以低成本、标准化的方式进行减排预估、计量；⑤制定统一的评估考核标准，以便监督考核绩效以及卖方合规情况。其次，中央政府可通过制定相应激励措施，鼓励省级及以下政府开展水质交易试点及实施，同时承担两方面的责任：一是当好市场裁判的角色，监督考核水质标准、落实水资源政策及协议；二是为市场发展创造充足的条件（Scherr and Bennett，2011）。要承担好第二方面的责任，政府必须进一步提升利用市场工具的意识，提供技术支持及指导意见，开展可行性研究甄别确定水质交易可能成功的地区，保持不同市场之间政策及实施的一致性。中国开展水质市场交易的前景明朗，但仍需要有针对性地采取措施，克服相关困难。市场机制并非万能的，尽管从政府层面出发建立市场机制的水治理体系改革可以调动相关方的积极性，但水质交易市场并不能替代基础性的改革措施，进而以实现有效的水资源管理。

5.4　创新型金融机制

面源污染的问题还可以利用创新型金融机制进行解决。例如，中国自20世纪90年代就开始试行生态补偿机制（Bennett，2009）。这些措施与生态服务收费方式类似，通过利用收费及激励措施，减少排污（通常来自农场等）造成的环境及生态系统破坏。这些费用由受益方或生态服务的使用方承担。然而近年来，由于付费率偏低或不完全、过程透明度不足、交易成本偏高，中国的排污许可交易正面临资金的可持续性问题。另外，生态补偿机制主要由政府干预以及公共资金流转驱动。如能加强生态服务提供方与受益方之间的联系，市场导向的方式可能会更加便于费用支付的完成。

可行的方法之一即设立水基金，用于在环境敏感区域投资支持改变重要水资源区域的耕作方式、退耕还田以及其他减少面源污染的措施。水基金可以通过多种收费机制设立，包括下游用户在享受更高水质益处后缴纳的费用等（The Nature Conservancy，2016）。生态服务质量提高后，通过转嫁成本至其受益方，水基金可在利益相关方之间创造双赢的局面。当然，这些机制的建设离不开强有力的、以事实为依据的广泛调查研究，

也需弄清用地类型变化及其他干预措施对水质提升及环境服务改善的直接影响。例如2004年，为落实2000年相关各州政府之间达成的关于改善切萨皮克湾环境质量的协议，美国马里兰州设立了海湾修复基金[①]。协议内容明确要求切实减少切萨皮克湾的富营养化问题。设立基金的目的是用于支持污水处理厂的升级改造，使其能够降低污水中的营养物质负荷（例如降低总氮至3毫克/升以下、总磷至0.3毫克/升以下）、大幅提升排放质量。基金还用于支持就地改造腐化系统、种植覆盖作物等，从而进一步减少进入海湾的氨氮负荷。因此，该基金旨在同时减少点源和面源污染。基金的资金来自收取的污水处理费，该费用向流域范围内使用污水处理厂及腐化系统的每一住户、商业及工业用户收取，通常住户的收费标准是5美元每月。基金还通过发行债券等方式产生更多收益用于支持相关工作。

类似的做法在中国也有先例，例

---

① 见马里兰政府官网：http://mde.maryland.gov/programs/Water/BayRestorationFund/Pages/Index.aspx。

如2005年北京市与承德市签署的5年期协议。协议规定，北京市每年支付承德市2000万人民币用于上游的水土流失治理。双方后来又延期执行该协议至2011年（更多相关例子请参阅专栏5.5）[①]。另一种可行的金融机制则与环境服务收费有关。尽管中国目前有16项环境服务收费办法正在实施，然

大多仅在地方政府之间进行，而非与直接受益方直接关联。这很大程度上体现了环境服务收费意识的不足，因此，相关金融机制的建立及试行还非常有必要（World Bank，2017c）。最后，对提升水质的资金需求还可以通过设立专门的循环周转基金来直接解决。美国环保署的州立清洁用水循环周转基金（EPA CWSRF）即是一个很好的例子，可以供中国参考试行。

---

① 见马里兰政府官网：http://mde.maryland.gov/programs/Water/BayRestorationFund/Pages/Index.aspx。

专栏5.5	中国在提升水质方面的金融机制

龙坞水库水基金： 龙坞水库主要向青山村、赐壁村提供居民生活用水。水库的营养物污染主要来自毛竹种植中使用的化肥及除草剂。当地毛竹种植产业覆盖了流域面积的60%左右。2015年，大自然保护协会支持成立了水基金，用于支持当地政府、农村、非政府组织（NGOs）以及一信托公司开展合作，进行环境友好型土地管理。

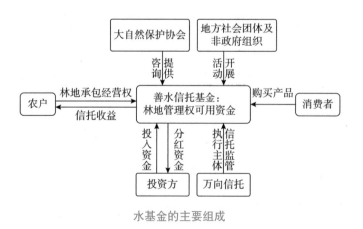

水基金的主要组成

资料来源：The Nature Conservancy 2014。

注：NGOs指非政府组织。

北京"稻改旱"项目：密云水库是北京的主要地表水源。多年来，流域内农业活动造成的面源污染严重影响水库水质。"稻改旱"项目旨在通过对放弃水稻、改种玉米的农民进行经济补偿，减少农业活动中的营养及化学物质排放，而补贴费用则由北京的城镇居民承担。

拉市海自然保护区及丽江古城规划项目：该试点项目通过对丽江古城及拉市海自然保护区游客征收一项特别费用，用于补偿拉市海上游农户进行用地方式改革。拉市海是丽江流域的重要部分，流域内多条河流穿越或流经丽江古城。

专栏5.6 美国环保署州立清洁用水循环周转基金

作为美国《清洁水法》的重要修订内容，州立清洁用水循环周转基金（CWSRF）设立于1987年，向多种水利基础设施项目提供资金支持（见图）。符合条件的项目可获得贷款支持，用于建设市镇污水处理设施、控制面源污染、建设分散式污水处理系统、开展绿色基础设施项目、开展河口保护、实施水质改善项目。环保署向所有的50个州提供资金设立清洁用水循环周转基金，州政府需要额外提供20%的配套资金。该项目类似于基础设施建设银行，提供低利率的贷款。当资金返还至州政府的循环周转基金后，州政府又可以向其他具有紧迫性的水质改善项目提供贷款支持。在该基金下，州政府还可以进行回购或债务再融资、抵押或保险，或者提供额外的补贴。例如绿色保护项目，该项目针对主要绿色基础设施建设，提升水资源及能源使用效率，开展相关创新型环境改善行动。目前为止，基金已向美国全国各类机构及群体提供资金支持达1110亿美元，涉及项目36100项，主要为具有紧迫性的水质改善项目。

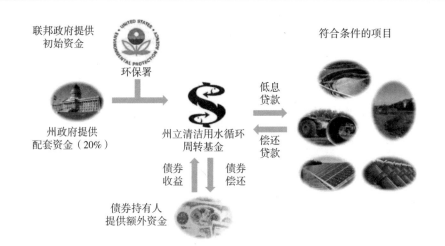

州立清洁用水循环周转基金的主要组成

资料来源：美国环保署官方网站：https://www.epa.gov/sites/production/files/2015-06/documents/cwsrf_101-033115.pdf。

注：CWSRF指清洁用水循环周转基金。

第6章　重点领域五：改进数据收集及信息共享方式

在水资源监测及数据收集方面，中国拥有较强的技术能力。如进一步加强数据共享、供更多利益相关方使用，则可以更加有利于运营决策和投资规划。此外，开放式数据平台还有助于跨部门协调及合作，对水资源行业的事业开拓、技术创新及科学突破都可以发挥支撑作用。这与政府目前在数据及技术领域的工作重点其实不谋而合。

6.1　完善水资源相关数据收集及共享的立法框架

在水资源治理及管理领域，高质量数据的收集和共享十分重要，这一点得到了广泛的认可。由于气候及其他环境变化会造成水资源量变化，因此向各利益相关方开放数据，包括用水团体及政策制定方，就显得尤为重要。联合国水资源高级别工作组（UN HLPW）2018年3月的报告指出，水资源数据的开放是提升全球水资源管理的先决条件（UN Water，2018）。工作组还制定了《水资源数据管理良好做法指导意见》，指出水资源数据管理政策中的七大要素：①制定水资源管理的优先目标；②加强建设水资源数据机制；③建立可持续的水资源数据监测系统；④采用水资源数据标准；⑤采用开放式的数据使用方式；⑥建立高效的水资源数据信息系统；⑦实施水资源数据质量管理。要实施这些原则并形成具有连贯性的水资源数据管理政策，通常需要进行一些改革，而立法是实现这一目标的最好方式。

促进政府部门及官员之间共享水资源及环境相关数据，必要时向利益相关方及公众公开数据，需要通过颁布明确的法律条文或规范条款才能实现。这些可在《水法》修订案中予以考虑。目前，各政府部门及机构收集的水资源相关数据仅供内部分析使用。这对于全面把握中国水资源状况及挑战极其不利。通过立法方式强制进行跨部门间的水资源数据共享，其

实对所有的部门都有利。这一法律条文需要明确规定收集信息的种类，并且制定数据质量及共享的必要标准。

例如，澳大利亚《水法》（2007）中的《水管理条例》（2008）规定，任何个人或机构均有义务向气象局提供水资源信息，并且明确水资源信息的种类（包括地表地下水资源信息，水库信息，气象信息，水资源使用数据，水权、水量分配和交易信息，水质信息，防洪预警相关信息等）。这些信息种类全面，覆盖水资源管理涉及的方方面面，包括地下水、地表

表6.1　　　　澳大利亚《水管理条例》规定的数据采集项目及种类

信息种类	数据项目
地表水	地表水体的水流、水位
地下水	地下水水位、水压及含水层补给量
水库	水库水位、水量、入流及出流 地点、库容、主要水库设施的所有权
气象	降水、风、适度、蒸发、温度、气压及水汽压
用水	取水及回补
水权、水量分配、交易情况	用水权、灌溉权、交易及许可情况
城市水管理	城市取水、供水、污水、雨水及循环水
用水限制	现行的用水限制
水质	地表水导电度、悬浮固体、浊度、营养物含量、酸碱度、温度；地下水导电度、酸碱度
洪水预警	地表水体的水流、水位，降水

水、水质及水量（见表6.1）。条例明确了特定水资源信息的提供方，并且规定了提供信息的时间、格式等；另外，还列明了200余家机构，这些机构必须向气象局提供其持有、监管或控制的特定水资源信息。

美国加利福尼亚州2016年9月颁布的《水信息公开及透明法》是数据共享立法的另一个例子。这部法律条文规定水资源局牵头加州水质监测委员会、州董事会、渔业与野生动物保护局，共同"建设、运营和维护全州的综合水信息平台"。这一信息平台"使用统一、标准化的格式整合现有由联邦政府、州政府、地方机构、学术组织单独管理的水资源和生态信息。"另外还要求水资源局"制定有关水资源数据共享、存储、质量控制、公开、平台和决策支持系统使用的协议。"受州政府资助的任何机构必须遵守这一协议。这一法律还催生了水信息管理基金。该基金的经费用于支持该法律的实施，包括水资源及生态信息的收集、管理及改进。法律规定整合现有水资源及生态数据至统一的开放平台，这一做法可提升州政府机构业务能力，促进以数据作为决策依据。法律还明确了"推进州政府机构协作"的目标。

加利福尼亚与澳大利亚的例子都有一个重点，即制定明确有力的法律规定，确保水资源管理的重要利益相关方之间能够开展水资源信息数据共享。制定必要指标收集、数据标准化的相关法律条款，对确保数据收集质量、便于数据发布利用也十分重要。为高效利用数据，中国可以建立国家水信息数据库，扩大相关信息的利用范围。

6.2　创建国家水信息共享平台

稳定可靠、便于使用、透明公开的水资源监测网络对运行及投资决策具有支撑作用。例如，要加强水权、排污权交易，市场需要依靠可靠透明的交易和排污的实际数据。目前，各类数据分散存储于多个数据库中，没有归集至统一平台，不利于政府官员、市场参与者及公众获取使用。创建统一的国家水信息共享平台具有多种积极意义：①统一全面的数据库可以促进政府机构之间的信息共享、促进水资源综合管理，还可以提升水资源信息的透明度，巩固各级水资源政策制定及管理决策能力。②对广大科研、私营行业开放的全面的数据库可推动水资源管理及水资源政策的创新。基于"大数据"科学的新工具、新能力，在这些数据的支撑下，可以充分发挥其效能。③统一连贯的国家数据库可以作为评判水资源管理体系在时间和空间尺度绩效的基准。④公开水权、水量分配、交易及利用信息可协助提升水市场效能、水资源总量预估质量。这些作用将共同提高水资源规划的准确性，促进广大群众对水资源管理的理解配合。

例如，2004年，澳大利亚政府委员会在"国家水资源计划"中加入了水资源核算的规定，要求鉴定、量化、报告并向公众公布水资源数据。澳大利亚水资源核算根据财务核算原则开展，而非统计原则，主要关注水体流量（WWAP，2012）。2007年，澳大利亚启动了一项投资达4.5亿澳元的改进水资源信息系统的十年项目，包括颁布国家水信息标准，收集并公开水资源信息，定期开展国家水资源评估，每年出版国家水资源核算报告，定期发布水资源总量预报，就水资源信息相关事务提供建议，加深国民水资源情况意识。《水法》还要求气象局"每年出版国家水资源核算报告，且形式需便于公众获取使用。"该报告涵盖澳大利亚十大主要水资源区的水交易量、取水量及管理情况[1]。《水法》还要求所有水权交易必须在相关部门进行登记，记录需"符合要求、开放公开、准确可靠"，并且从整个流域层面进行记录。

另一个例子来自美国地质调查局（USGS）。地调局负责监测地表和地下水的生成、数量、质量、分布及流

---

① 十大主要水资源区包括阿德莱德、勃狄金、堪培拉、戴利、墨尔本、墨累–达令流域、奥德、珀斯、昆士兰东南部、悉尼，大约覆盖澳大利亚75%的人口。国家水资源核算报告可从澳大利亚水文局网站http://www.bom.gov.au/water/nwa/about.shtml下载。

动，并向公众、州政府及地方政府、公私营机构及其他有关水资源管理的联邦政府机构公开这些数据。地调局公开数据行动之一，即建设国家水资源信息系统（NWIS），该系统是一套离散式的服务器网络，负责收集、处理、校验并长期存储水资源信息数据。该系统是美国最主要的水资源信息数据库，包含了美国150万个监测点收集的数据，这些监测点分布于美国的50个州、哥伦比亚特区、波多黎各、维尔京群岛、关岛、美属萨摩亚以及马里亚纳群岛。其中一些监测点的数据可以追溯至百年以上。1994年，地调局开始在其网站上公布实时及历史流量信息。20世纪初，地调局完成各州不同数据库的信息整合，形成统一的国家数据库并可以实现一站式查询使用。国家水资源信息系统在流量信息的基础上整合了各种水资源信息，包括河流及含水层历史的水质、地下水水位信息，实时的水质、降雨及地下水水位信息①。收集的数据包括水面高度（水位）、径流（流量）、温度、电导率、pH、营养物浓度、农药及挥发性有机物含量②。

国家水资源数据网③是地调局供公众使用国家水资源信息系统内大部分数据的门户平台。通过该网站，用户可以不分地域、简单便捷地查询利用国家水资源信息系统内的大部分数据。该网站的数据由国家水资源信息系统定期更新，一般在收到地方水科学中心的数据后就会进行更新。地调局还开办了水资源观察（Water Watch）网站，以地图、图表、表格等形式公布美国实时、近期及历史的流量状况④。实时流量图重点展示洪水及高流量信息。七日平均流量图则会重点针对土壤湿度低于正常或者出现干旱的情况。

---

① 国家水资源信息系统开发历程及内容详述可参阅美国地质调查局官网，https://pubs.water.usgs.gov/FS-027-98。

② 见地调局水资源主页，http://water.usgs.gov。
③ 请访问https://waterdata.usgs.gov/nwis/qw使用该平台。该平台的背景情况可参阅 https://help.waterdata.usgs.gov/faq/additional-background。
④ 见地调局网站http://waterwatch.usgs.gov。

6.3 提升公众意识及公众参与程度

要解决水资源管理相关的问题，发动公众特别是用水户参与，即使不是必要的，也十分有意义。对于水资源管理来说，不同用户、地区及社会经济团体之间的水资源分配存在着复杂的伦理问题，发展一种全民参与的模式可以有助于解决这些问题（Priscoli，2004）。在中国，地方环保局手中掌握的资源有限，广泛发动公众参与水资源管理，鼓励公众直接参与污染监督及落实控污规定，可以有助于弥补这一不足，推进中共十九大提出的加快水污染防治目标的实现（World Bank，2017f）。

《水法》《水污染防治法》《环境影响评价法》等均包含明确的发动民众参与的条款。例如，《水污染防治法》规定，任何个人都有义务保护水环境，并有权对污染损害水环境的行为进行检举。这些法律条文给出了这样一个信号，即中国的政策制定者们已经意识到，在改善水质、提升用水效率工作中，发动广大民众及私有企业以直接和更好的方式参与十分重要。在水资源管理的相关领域，地方政府也已经建立一些创新平台，鼓励公众参与。浙江省开发了移动应用程序，供个人举报可能的水污染情况，并可跟踪每一项举报的官方处理情况。广东省也开展了类似工作，尝试利用大数据技术，通过多渠道的方式监测水污染（World Bank /DRC，2017b）。

尽管制定了相关政策、开展了创新试点，但水资源管理方面的公众参与程度依然有限，如公众接触利用水资源数据及信息、提出意见以及其他参与水资源管理的渠道依然不足甚至缺乏。目前的法律规章明确了公众就水资源管理提出意见看法的权利，但尚未明确参与决策的权力。另外，公众的水资源问题意识尚且薄弱，因此常处于被动参与的状态（World Bank，2017b）。

在水资源管理方面如何提升公众意识、发动民众参与，其他国家积累了一些很好的经验可供学习借鉴。一些国家，特别是欧洲国家，制定了相关条例、政策及措施，将公众参与正式纳入水资源管理（见表6.2）。这些做法之间的差异较大，有些仅提升公众意识，如新加坡的"清洁绿色周"，另一些则赋予公众权利，参与所有与其切身利益相关的环境决策过程，督促政府对不足之处进行纠正，如奥胡斯公约等（Pu et al., 2007）。但大多数均赋予公众向相关机构就水资源问题提出意见的权利，并在一定程度上参与决策过程。另一显著特点即这些行动均赋予公众对水资源问题的知情权，包括水环境污染、洪水灾害等直接相关或产生危害的问题。

鉴于在灌溉领域，中国已经成立农民用水户协会并取得良好效果，发动公众更加广泛地参与治水，其前景是十分明朗的。农民用水户协会的出现，弥补了农村集体农业传统组织方式与中国现代经济复杂现实之间的差距。协会是发动用水户参与管理的重要方式，在落实农业节水及灌溉现代化政策方面也发挥了重要辅助作用。多项研究也表明，设计得当的农民用水户协会机制可以有效提升用水效率、保障灌溉服务到位，

表6.2　国外鼓励公众参与的法律与政策先例

国家/地区	相关政策或条例	说明
欧盟	奥胡斯公约	赋予公众知晓、参与及质疑环境决策的权利
欧盟	水资源管理框架指导意见	依据奥胡斯公约，鼓励所有利益相关方参与水资源管理
欧盟	环境信息公开指导意见	赋予公众知情权，规定管理职能
法国	水法	在大部分水资源管理领域要求公众参与，包括流域管理规划
新加坡	有关净化环境的专门活动，举办清洁绿色周	提升保护水资源、保护水质等方面的公众意识
英国	水消费者委员会	为水消费者提供平台，提出关于水务公司运作的建议
美国	清洁水法、饮水安全法	明确要求决策过程发动公众参与
美国	公众参与政策	制定公众参与的具体要求

甚至有助于专业机构对灌溉系统开展管理（Huang，2014；Wang et al.，2010）。但是在实际操作中，大部分协会无法实现自主管理，而是仅仅扮演地方政府的延伸机构。而且大部分协会职位均无薪酬，故而缺乏能力建设的动力（World Bank，2017b）。然而协会在大部分农村地区均存在，这是在用水效率、水资源保护等领域开展地方能力建设、推广经验做法的理想平台。

2016年，工信部、水利部、发改委、住房和城乡建设部联合启动了水效领跑者引领行动，这一行动也是水利行业广泛发动利益相关方参与的良好契机（World Bank，2017b）。这一行动旨在继续落实推动节水型社会、节水型城市建设任务，通过在关键行业重点用水企业或组织（包括工业和农业用水户）中遴选"水效领跑者"，以作为控制水耗、提升水效的模范。根据实施方案，水效领跑者企业至少每两年向主管机构报告其取水量指标。但是，该行动的具体形式尚未十分明确。进一步细化行动实施方案、扩大实施范围，将有效提升公众参与程度。

这些例子说明了在水资源管理领域，如何提升公众意识、鼓励公众参与，还需要采取很多改革措施。比如，相关法律法规还需要进一步修订，以向公众开放水资源相关信息，赋予其参与决策过程的权利。在有关环境问题的政策法规落实方面，公众也需要进一步发挥作用。这与十九大报告提出的"打造共建共治共享的社会治理格局"方向一致。法律法规还需要进一步明确水污染、洪水灾害及其他水旱灾害相关的信息自由。另外，政府还需要继续落实农民用水户协会等机制，取长补短，发动群众支持水资源保护、水效提升等工作。同时，水效领跑者引领行动也需要进一步扩大实施范围。

水是支撑中国过去和未来发展的不可或缺的资源。中国正在经历快速城镇化的进程，要保证这一个过程中的粮食和能源安全，就必须注重如何高效地利用好水资源，还必须保护和治理好水环境和水生态。中国要有效应对气候变化，就必须更好地融合其土地、城市、能源和水资源政策。中国要保证其人民的健康幸福、保护好环境，就必须加大投入、维护好生态系统、不断改善水质。本报告列出了需要深入推进改革的重点领域，以增强中国的治水体系，推动这些目标的实现。

习近平主席所提出的"节水优先、空间均衡、系统治理、两手发力"的治水方略，为中国新时期水治理指明了方向。治水方略的实施需要统筹推进、平衡发展、公众参与、开拓创新、敢于担当和循序渐进。科学水治理的本质应该是消除部门和地区隔阂，遵循水在经济社会发展方方面面中的重要性、联通性，在此基础上进行治理。因此，水治理的政策工具必须采用横向加纵向整合的思路，既要横向密切水利、自然资源、生态环境等部门间的关系，又要纵向跨越行政管辖区域。治水方针的实施还需要平衡好多个发展目标之间的关系（这些目标之间甚至有时还会相互矛

盾），保证各层次利益相关方的均衡参与，特别是地方群体的参与。各机构职责职能要清晰，以确保实施行动可靠有效。最后，新时期治水方针还必须善于创新、勇于尝试，特别是先进技术、市场机制及信息综合共享平台的使用。这些革新措施还必须依据时间表循序渐进，既要灵活机动，又要遵循规律。

中国水治理改革有五大重点问题需要面对。第一，中国需要通过扩充现有的政策和计划，进一步夯实治水的立法基础，包括修订现有的《水法》，使其更能充分体现目前的治水原则，以及水污染法的推进落实。第二，水治理需要在国家和流域层面上加强，充分发挥政策协调职能。应当加强流域机构在规划、协调、实施、执行和筹资等关键方面的权威性并明确其职责。另外，还应建立健全国家水治理协调机制，以协调关键水治理战略、政策和规划等问题，确定国家层面的重点战略任务。第三，已经开展试点的经济政策工具需要进一步进行优化组合，以发挥其最大效能，

必要时扩大应用的范围；尽管早期开展试点的水权交易机制已经取得了较好的效果，但这些工具的有效性还需要通过收集更多证据来进行评估。第四，人类社会及生态系统的适应恢复能力还需要加强，以面对未来的更多威胁和挑战，包括更多采用绿色基础设施开展洪水管理、利用水质交易机制及其他金融措施减少面源污染等。第五，跨机构、跨部门、跨用户的信息共享还需要进一步加强，建立国家层面的水信息平台将有力协助跨机构工作协调与合作、支持水治理领域的改革与创新。

第7章　总　结

2018年3月，中国政府公布了新一轮政府机构改革方案，其中最值得注意的就是设立了生态环境部和自然资源部，优化了水利部职能，为系统解决水治理问题创造了重要基础。这些改革也是进一步完善中国治水体系的良好机会。尽管生态环境部在水污染治理方面的职能大大强化，但依然需要与其他部门广泛开展协调合作。而对于自然资源部，其水资源调查评价职能需要进一步厘清。另外，流域机构的构成与职能及其与地方政府的关系，也需要进一步明确。尽管这一轮政府机构改革有希望解决之前阻碍高效水治理的跨部门协调问题，但并没有满足强化现有机构职能的需求（例如各大流域机构）、并没有设

置国家层面的治水协调机制。在新的机构框架下，水治理应该在国家、流域、地方层面更加紧密地衔接，朝着系统解决水治理的方向发展。如本报告所建议，中央层面的各部委之间职能应划分明确，通过国家层面的协调机制紧密协作，流域层面由流域机构发挥协调作用，地方层面则由子流域机构进行协调，这些做法将有助于建立健全水治理策略。另外，这一改革过程中还有一个重要环节，即保证各部委及机构有充足的经费和人力资源来完成这些职能。

中国在解决水挑战方面有着雄心壮志，其做法将来可以为其他面临类似问题的国家提供学习榜样。在政

策及法规方面，中国的"三条红线"给国家和地区用水设置了限额，并结合监测、实施及分配机制，为其他国家更加高效地利用有限的水资源提供了经验借鉴。在行政管理体制创新方面，中国的"河（湖）长制"提供了一个鲜活的范例，成功使跨辖区开展水治理成为地方官员的核心职责。此外，经济工具的试点运用，例如中国的水权交易市场等，为水资源分配提供了新思路。本报告选取了国外的一些例子来对中国水治理提出建议，当然，中国的经验对其他国家也可以产生巨大的帮助和好处。相信积累了丰富经验的中国，可以成为其他国家解决水资源可持续发展问题的典范。

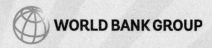

专题报告

专题报告一
中国水治理的形势、目标与任务

李维明　谷树忠　张　欢　黄文清　许　杰

1.1　背景与必要性

水治理宏观形势和制度环境千差万别、千变万化，决定了水治理的基本内涵及侧重点因时而异、因地而异。当前国内外研究关于水治理的定义多、差异大且各有侧重，需要在系统总结国内外研究现状基础上，科学界定水治理基本内涵，为中国乃至全球水治理研究和实践提供分析框架和决策支撑。与此同时，中国治水史源远流长，水治理与国家/地区安全、政府执政理念、公众关心关切息息相关，需要对其作用与影响进行系统回顾与经验总结，以供国内外水治理研究和实践借鉴。

当前，中国步入新时代，中国水治理所面临的形势正在发生重大和深刻变化，机遇与挑战并存，需要对其进行客观分析和系统把握，并在适应新形势基础上，以解决突出问题为导向，系统提出下一步中国水治理的目标与任务，这对保障国家水安全，加快推进中国水治理体系和治理能力现代化建设，至关重要。

1.2　研究目标

一是在系统界定水治理的基本内涵基础上，对水治理在中国国家安全体系中的地位与作用、水治理之于政府执政理念和公众意识的作用与影响等进行历史回顾和系统阐释，归纳总结其经验启示；二是客观分析和系统把握当前正处于重大和深刻变革期的中国水治理形势，包括取得的成绩、存在的问题以及面临的新形势及新要求等；三是基于当前水治理态势，系统提出下一步中国水治理的主要目标与任务。

1.3　形势与问题分析

1.3.1　中国水治理地位作用与历史启示

水治理是指政府、社会组织、企业和个人等涉水活动主体，按照水的功能属性和自然循环规律，在水的开发、利用、配置、节约和保护等活动中，统筹资源、环境、生态、工程、供水等系统，依据法律法规、政策、规则、标准等正式制度，以及传统、习俗等非正式制度安排，综合运用法律、经济、行政、技术以及对话、协商等手段和方式，对全社会的涉水活动所采取行动的综合。从治理主体来看，除政府外，企业、社会组织、公民均可作为水治理的主体，呈现出多元化趋势。从治理依据来看，除强制性的国家法律、政策、标准外，权力来源还包括各种非强制的契约，以及一些传统、习俗等非正式制度安排。从治理范围来看，较传统水管理而言，治理领域更宽阔，强调以公共领域为边界，而非仅仅局限于政府权力所及领域。从治理手段来看，强调综合运用法律、经济、行政、技术以及对话、协商等手段和方式，来解决复杂的水问题；尤其鼓励自主管理，强调通过协商和合作，实现权力的上下互动和平行互动，而非一味地强制性的自上而下。从治理需求来看，强调水资源治理、水环境治理、水生态治理、水工程治理、供水治理、水事治理以及统筹资源、环境、生态、工程、供水等系统的综合治理（考虑到水事关系尤其是水国际关系治理的敏感性，本研究暂不涉及）。

治水在中国历史上是极为重要的公共事务。从政府执政理念来看，除水害、兴水利，历来是兴国安邦的大事，治水不力往往导致政权衰亡和政权更替。从某种意义上说，中华民族几千年的历史其实就是一部治水史。从国家安全角度来看，治水是改善中国水安全态势的基础，是保障国家生态、经济、社会乃至整个国家安全的重要支撑。

中国治水史十大经验启示可供借鉴。①治国必须治水。从秦始汉武，到唐宗宋祖，再到清朝康熙，历代善治国者均以治水为重。②治水思路需因时而异、因地而异。古代水患系自然现象，治水重点是抵御旱涝、农业灌溉和漕运；当代水问题不单是自然现象，还有人为因素，治水思路需转变。③治水必须有强有力的组织保障。如秦汉时期的都水监和都水使，西晋的都水台和都水使者，隋朝的工部和水部，宋代的黄河外监和外都水丞，明代的总河都御史，清代的河道总管等。治水能力与水平，是从古至今考量官员成绩的一项重要标准。④治水兴水"匹夫"有责。从古至今，治水都需要社会各方的努力与配合。⑤治水需注重循章管理。如唐代《水部

式》、北宋《农田水利约束》、金代的《河防令》、明朝的《水规》、民国时期的水利法、以及中国历史上的岁修制度、水利职官制度、防洪经费管理制度、汛情和灾情奏报制度、赈灾备荒制度等。⑥治水投资必须充分保障，且其工程建设必须具有适度超前性。古往今来治水都是一种投资、劳力密集，施工周期较长，涉及社会经济诸方面的系统工程，善治水者会对治水工程需求有预见性，且会确保其建设规模和速度的适度超前。⑦治水要按科学规律办事，树立质量第一的思想。历史上的部分水利工程沿用至今，与其严格的质量保障制度密不可分。如明王朝强制执行的"质量追溯制"，一旦事故发生，相关责任人将会被追责甚至被处死。⑧治水必须延揽人才，重用人才，培养人才。根据记载，中国历史上采取过重任、专责、尊崇、信赖、举荐、广纳等比较开明的水利人才政策，以治理江河水患，特别是兴建大中型水利工程。⑨治水应在治标的同时着重治本。"避—堵—疏—导—（治）沙—全面治水"治水思路的转变，充分体现了

治标向治本的转变。⑩治水工程必须统筹兼顾。历史实践证明，防洪工程建设既要重视全流域防洪，还要关注中下游排涝；兴建水利枢纽必须注重蓄水拦沙、减缓河道淤高，综合利用电力、灌溉、水运等功能，同时必须保证农田的充分利用。

1.3.2　近年来中国水治理取得的成效

水安全上升为国家战略。中国政府明确了"节水优先、空间均衡、系统治理、两手发力"的新时期治水方针，出台并实施了《关于实行最严格水资源管理制度的意见》《水污染防治行动计划》等。

最严格水资源管理制度初步建立。水资源开发利用控制、用水效率控制、水功能区限制纳污"三条红线"指标基本实现省市县三级行政区全覆盖，年度考核工作扎实开展。万元工业增加值和万元GDP用水量分别从"十一五"末的90立方米、150立方米下降至2015年的61立方米和105立方米（2010年可

比价），2018年更是降低到45和73立方米（2015年可比价）；农田灌溉水有效利用系数由"十一五"末的0.50提高到2017年的0.548。

水污染防治工作取得积极进展。水污染防治规划体系逐步完善，包括标准与达标排放、总量控制、排污许可、限期治理等在内的"命令—控制类"政策工具逐步强化，市场化减排机制在探索中前行，水污染防治能力建设稳步提高，技术政策逐步完善。目前主要水污染物排放叠加总量已经进入平台期。

水生态保护工作不断加强。《全国重要江河湖泊水功能区划（2011—2030年）》获批，全国重要水功能区纳污能力核定工作完成，175个重要饮用水水源地安全达标建设工作启动。多地划定并公布了地下水超采区，制定和实施了地下水限采计划。生态修复、生态调水工作积极推进。

防汛抗旱减灾成效显著。七大江河初步形成了以水库、堤防、蓄滞洪区为

主体的拦、排、滞、分相结合的防洪工程体系。与"十一五"相比，洪涝灾害死亡失踪人数、受灾人口、受灾面积分别减少64%、38%、28%，因洪灾死亡失踪人数为1949年以来最少。

水工程建设全面提速。流域和区域水资源配置格局、大江大河大湖防洪体系不断完善，大中城市污水处理设施工程建设任务基本完成，农村饮水安全工程建设任务全面完成。2011～2015年全国新增农田有效灌溉面积7500万亩，发展高效节水灌溉面积12000万亩。

供水保障能力大幅提升。2016年全国总供水量为6040亿立方米，约为新中国成立初期的6倍。城市自来水普及率达到97%以上，供水保证率达到95%以上，生活用水基本得到满足。农村自来水普及率76%，集中式供水人口比例提高到82%以上，3.04亿农村居民和4152万农村学校师生喝上安全水，基本解决农村饮水安全问题。

重点领域改革取得积极进展。鼓励引导社会资本参与重大水利、水污染防治和水生态修复工程建设运营。推进农业水价综合改革、水权确权登记、水权交易、排污权交易等试点。全面推进河长制和湖长制，加强对重要河流及湖泊的系统监管与治理。建立国家水资源管理信息系统。精简重大水建设项目审批程序。推进水工程建设管理体制改革，项目招投标全面进入公共资源交易市场，开展水工程建设市场主体信用体系建设。

依法治水管水得到加强。修订后的《环境保护法》《水污染防治法》《水土保持法》等正式施行，《太湖流域管理条例》《南水北调工程供用水管理条例》等颁布实施。大力推进水利综合执法，开展了河湖管理范围划定及水利工程确权划界，并加强河道采砂、河湖管理等监督执法。

1.3.3　当前中国水治理面临的突出问题

一是水资源供需矛盾仍十分突出。中国水资源人均量明显不足，仅为世界平均水平的28%。用水效率低下，水资源浪费严重，万元工业增加值用水量为世界先进水平的2～3倍，农田灌溉水有效利用系数远低于0.7～0.8的世界先进水平。局部水资源过度开发，超过水资源可再生能力。同时，快速工业化和城镇化加剧水资源供需矛盾，且这种压力在相当长时间内难以逆转。

其次，水环境质量改善是一个长期过程。生态环境部数据显示，目前中国工业、农业和生活污染排放负荷大，2015年全国化学需氧量排放总量为2223.5万吨，氨氮排放总量为229.9万吨，远超环境容量。2017年全国地表水水质断面中，仍有8.3%丧失水体使用功能（劣于Ⅴ类），30.3%的重点湖泊（水库）呈轻度和中度富营养状态；不少流经城镇的河流沟渠黑臭。饮用水污染事件时有发生。全国5100个地下水水质监测点中，较差和极差级水质的比例占到66.6%。全国9个重要海湾中，6个水质为差或极差。未来，用水总量处于高位，废水排放量继续上升，农业源污染物和非常规水污染物快速增加，水污染从单一污染向复合型污染转变的态势进一步加剧，污染形势复杂化，防控难度加大。

三是水生态受损依然严重。湿地、海岸带、湖滨、河滨等自然生态空间不断减少，导致水源涵养能力下降。根据《国务院关于印发水污染防治行动计划的通知》（国发〔2015〕17号）的官方解读文件，三江平原湿地面积已由新中国成立初期的5万平方公里减少至0.91万平方公里，海河流域主要湿地面积减少了83%。长江中下游的通江湖泊由100多个减少至仅剩洞庭湖和鄱阳湖，且持续萎缩。沿海湿地面积大幅度减少，近岸海域生物多样性降低，渔业资源衰退严重，自然岸线保有率不足35%。此外，全国水土流失面积295万平方公里，约占国土面积的30%。地下水超采区面积达23万平方公里，引发地面沉降、海水入侵等严重生态环境问题。

四是水工程建设与管理工作仍相对滞后。洪灾水患、工程性缺水、水污染等问题仍普遍存在；水工程运行和管理状态欠佳，并影响工程本身的安全性；中小河流治理难、农田水利建设任务重、农村饮水安全工程投入不足、城乡污水处理能力不够、小型水库病险率高等问题突出，专项治理亟待进一步加强。重大水工程的生态、地质安全性有待提升，安全预警体系和责任体系有待建立健全。

五是城乡安全供水能力仍显不足。首先，相对于快速的工业化和城镇化，集中供水能力建设整体滞后，部分地区水供求紧张态势凸显。其次，一些中小城市尚无固定、安全、可靠的水源地，部分城市水源地单一，极易受到污染和破坏。第三，部分城市供水体系超负荷供水，特别是特大型城市超负荷供水问题普遍而严重。第四，供水水质保证水平较低，极少能直接饮用。第五，集中供水非正常事件频发，"肉汤事件""油污事件"等时有发生。

六是水治理体系尚不完善。第一，法制保障亟待增强。法律体系尚不健全，可操作性弱；司法参与度较低、功能受限，环境公益诉讼制度尚不完善；执法力度和能力尚不足，流域管理机构作用不突出，国家水督察制度尚未建立。第二，管理体制亟待改革。水治理的系统性统筹不足影响治水成效；水与物质的传输过程及其时空分布被分割，基于过程环节的组织管理方式难以实现水治理效能最大化的目标；开发利用和保护监管两项职能同属一个部门，容易发生冲突；横向职责存在一定交叉分散，制度协调尚不够，未能有效发挥合力。第三，市场机制亟待健全。水价形成机制不合理；水资源税征收标准偏低；现行污水处理费和排污费制度尚不健全；水权和排污权交易市场尚处于探索阶段；水治理领域投融资机制有待创新；尚未实施国家洪水保险制度。第四，信息共享机制与公众参与制度尚未有效建立，科技支撑也亟待加强。

1.3.4 新形势及新要求

中国水治理还面临诸多新形势，这不仅是机遇，也是挑战。中国要培育发展新动能、实现高质量发展，必须充分发挥水利基础性先导性作用和水资源管理红线的刚性约束作用，促进形成新的增长点、增长极和增长带；要深入推进新型城镇化、"一带一路"、津京冀一体化、长江经济带等国家重大战略或倡议，必须进一步提高水支撑保障能力，进一步优化水资源配置格局和"三生"空间格局，着力增强重要经济区和城市群水资源水环境水生态承载能力；要落实国家脱贫攻坚战略、实现全面建成小康社会，必须抓紧补齐治水基础设施短板，加快解决关系民生的水利发展和水生态环境保护问题，着力推进城乡水基础设施均衡配置和水基本公共服务均等化；要推进生态文明和绿色发展，建设美丽中国，必须加快转变治水兴水管水思路，注重"山水林田湖草"综合系统治理，统筹解决好水资源、水环境、水生态、水工程和集中供水问题，以最严密的法制保护水资源生态环境，促进经济社会发展与水资源环境生态承载能力相协调；要应对气候变化与保护生物多样性，树立负责任大国形象，致力于国家和地区应对气候变化和保护生物多样性，进而为区域和全球应对气候变化、保护生物多样性做出重要贡献；要落实国家"互联网+"战略，必须大力推进涉水监测、监管、治理等信息网络化建设，夯实水治理基础能力。

1.4 结论与建议

1.4.1 中国水治理的主要目标

通过改革和发展，到2035年，努力建成世界一流且具中国特色，既能与中国市场经济体制、国家治理能力和治理体系现代化建设相匹配，又能满足国家生态文明建设需要的现代化水治理体系。在此治理体系下，水治理理念深入人心，治理主体多元化、网络化、明晰化，治理手段多样化、连续化、系统化，治理方式实现法制化、规范化、标准化、民主化，治理的可问责性和有效性增强，治理效率日益提升，国家水安全综合保障能力显著增强。

水资源合理配置和高效利用得以实现。最严格水资源管理制度得以全面实施，真正实现以水定城、以水定产、以水定人、以水定地。节水型社会初步建成，水资源利用效率和效益大幅提升，重点领域节水取得重大进展，达到国际先进水平。水资源调度配置和水源结构更趋优化。水资源管理能力显著提高。

水环境质量与风险得以有效管控。水环境执法监管力度得以强化，水环境风险防控机制得以建立健全。城镇污水全部得到处理，主要污染物浓度大幅降低，全国水环境质量实现总体改善。地下水污染得到有效遏制和治理，近岸海域环境质量稳中趋好。水环境经济损失得以有效控制。

水生态保育与修复得以全面加强。河湖生态环境水量充足保障，河湖水域和湿地面积不减少，水功能区水质基本达标，水生态环境状况明显改善，水生态系统稳定性和生态服务功能显著提升。自然岸线保有率保持稳定。水土流失得以遏制，水土保持综合治理体系基本完善。地下水超采得到严格控制，严重超采区完全消除。

城乡供水安全保障明显改善。城镇供水水源地水质全面达标，供水结构实现优化，应急和备用水源多元化，排水防涝和防洪能力显著增强；农村集中供水率、自来水普及率、水质达标率和供水保障程度大幅提高。饮用水安全保障水平持续提升。

水工程保障及防洪抗旱减灾体系进一步完善。一批打基础、管长远、促发展、惠民生的重大水工程建成，包括大规模农田水利建设工程、重点水源建设工程、水环境整治与水生态修复工程、重大引调水工程、抗旱水源建设工程、江河湖库水系连通工程等。防汛抗旱指挥调度体系得以健全。大江大河重点防洪保护区达到流域规划确定的防洪标准，城市防洪排涝设施建设明显加强。全国洪涝灾害和干旱灾害经济损失得到有效控制。

水综合治理体系逐步建立健全。依法治水管水全面强化，水资源环境承载能力评估与预警机制得以建立，战略、规划和项目层面的水资源、水环境及水生态效应评估与论证工作全面开展，规划的科学化和规范化增强且引领作用凸显，水权、水生态补偿、排污权市场以及在此基础上的价格形成机制逐步完善，水工程科学建设和良性运行的体制机制得以理顺，水治理投入稳定增长机制进一步健全，科技创新能力明显增强，党政同责和政府考核问责进一步落实，流域水治理地位与作用得以强化，水数据平台建设和信息共享得到加强，公众参与全社会监督水治理的社会氛围初步形成，国际交流与合作进一步加快。

1.4.2　中国水治理的重点任务

1.4.2.1　综合治理任务

一是制定或修订涉水法律法规，进一步强化水治理的法律基础。其中包括修订现行的《水法》，加强现有水污染防治法的执行，将PPP纳入法律并予以强化等。二是强化流域水治理的地位与作用，本着尊重自然和顺应自然的原则，进一步提升水治理的系统性和有效性。提升现有国家和流域层面治水机构的地位和责任，扩大其生态系统保护方面的作用。建立国家水治理协调机制。在省级河（湖）长制与流域机构间建立明确的协调机制。进一步明确各机构、辖区和部门之间政策协调。三是改进和完善水治理的经济政策工具，在适当的情况下强化和扩大市场化手段在水治理领域的应用。提升"三条红线"的实效。推动取水许可制度与排污许可证制度关联。四是提高适应气候和环境变化能力。更多采用绿色基础设施管理洪水，提升洪水防御能力。制定"三条红线"的生态流量目标。优化治理面源污染的政策，试行水污染物排放许可交易和其他金融机制减少面源污染等。五是加大信息共享和公众参与力度。完善水资源相关数据收集及共享的立法框架。建立国家水信息共享平台。提升公众意识及公众参与程度。六是加快其他综合保障机制建设，重点建立健全水治理科学评估、规划引领、技术支撑、工程保障、试验示范、考核问责和国际协调等机制。

1.4.2.2　分领域治理任务

水资源治理。一是加强顶层设

计，在更高层次上推进节水型社会建设。重点强化约束性指标管理，强化水资源承载能力刚性约束，建立水资源承载能力监测预警机制，强化责任追究。二是落实双控行动，强化水资源刚性约束。严格落实节水型社会建设规划，全面健全节水制度体系，整体化、区域化推进节水型社会建设，强化节水监管。三是突出重点领域，加大农业节水力度，深入开展工业节水，加强城镇节水。四是优化水资源调度配置，促进水资源合理利用。重点全面做好江河水量调度配置，强化地下水开发利用管控，积极发展非常规水源利用。五是深化水资源领域改革，充分发挥市场机制作用。重点深化水资源管理体制机制改革；从明晰初始水权入手，强化水资源用途管制；以试点建设为突破口，推进水权确权和交易。六是加强能力建设，夯实水资源管理基础。重点提升监控能力、协作能力和监管能力。

水环境治理。一是全面控制污染物排放。重点狠抓工业污染防治，推进农业农村污染防治，加强船舶港口污染控制。二是切实加强水环境管理。重点强化环境质量目标管理，深化污染物排放总量控制，严格环境风险控制，全面推行排污许可。三是全力保障水环境安全。重点推进地下水污染综合防治，深化重点流域污染综合防治，加强河口和近岸海域环境保护，严格控制环境激素类化学品污染，大力整治城市黑臭水体。四是强化科技支撑。重点推广示范适用技术，攻关研发前瞻技术，大力发展环保产业，加快发展环保服务业。五是充分发挥市场机制作用。重点理顺价格税费，促进多元融资，建立激励机制。六是严格环境执法监管。重点完善法规标准，加大执法力度，提升监管水平。

水生态治理。一是建立水生态的评价监测机制，科学确定和维持河湖生态流量，探索实施一级流域生态水流量红线管理。二是加强重点河湖水生态修复与治理。三是加强水土保持生态建设。四是加强地下水保护和超采区综合治理。五是全力保障水生态安全。重点划定水生态保护红线，强化水功能区管理，加强良好水体保护，保护水和湿地生态系统，推进生态健康养殖，推动水生态文明建设纵深发展。

水工程治理。一是完善江河综合防洪减灾体系，加强江河治理骨干工程建设，进一步加强防洪薄弱环节建设。二是实施江河湖库水系连通工程，着力增强水资源水环境承载能力。三是抓好重大水工程建设，着力完善水基础设施体系。重点推进大规模农田水利建设工程，加快重点水源、重点流域整治与修复、污水治理、抗旱水源等工程建设，实施一批重大引调水工程。四是深化水工程建设与管理改革，提高水工程管理现代化水平。重点推进水工程建设管理体制改革，健全多元化投资机制，创新水工程运行管护机制，优化水工程调度运用方式。

集中供水治理。一是提高城市供水与防洪排涝能力。重点优化城市供水结构，加强城市应急和备用水源建设，提高城市排水防涝和防洪能力。二是推进农村饮水安全巩固提升。综合采取改造、配套、升级、联网等方式，进一步提高农村集中供水率、自

来水普及率、供水保证率、水质达标率，加强饮用水水源地保护与监管。三是切实做好饮用水水源地保护。重点实施从水源到水龙头全过程监管，持续提升饮用水安全保障水平。

1.5　致谢

感谢国务院发展研究中心感谢世界银行对该专题的资助。感谢国务院发展研究中心领导和专家对本专题研究的大力支持。感谢中国水治理研究项目专家顾问委员会对该专题提出的宝贵意见和建议。

（李维明，国务院发展研究中心资源与环境政策研究所研究室副主任、副研究员；谷树忠，国务院发展研究中心资源与环境政策研究所副所长、研究员；张欢，中国地质大学（武汉）经济管理学院副教授；黄文清，湖南农业大学经济学院副教授；许杰，上海大学可持续能源研究院博士后）

专题报告二
中国水安全态势评估与问题清单

贾绍凤　邓捷铭

1.1　背景与必要性

水安全问题由来已久，现代水安全问题的提出，最初是因为供水出现问题或受到威胁。随着社会经济的高速发展，人类对资源环境的某些过度开发利用行为，进一步加剧了水资源短缺、水质污染、水生态环境退化和洪涝灾害等水安全问题。

水安全已上升至全球诸多科学、政策和企业议程的首位，成为区域经济社会建设和环境生态保护中的关键研究领域之一，并对国家安全与地缘政治产生深远影响，获得各国政府高层及非政府组织的广泛关注。

中国水安全态势不容乐观，同时面临水资源短缺、水污染、旱涝灾害等多重水问题，局部地区水资源的相对短缺及严重的水污染态势已对中国粮食生产和生态环境构成威胁，并对中国经济社会的可持续发展造成了前所未有的压力。水安全是国家安全的重要组成部分，提升水安全保障能力更是建立健全水治理体系的重要目标之一。

水安全作为目前水科学领域的热门问题和研究前沿，包含水资源供需、水生态环境、水灾害防治多方面，具有多学科概念高度耦合的交叉性与复合性，涉及水相关领域的焦点问题。客观、科学地对中国水安全进行整体系统的评价与态势判断，将为全面认识和把握中国水相关领域现状提供合理有效的途径。

1.2　研究目标

本研究旨在准确定义水安全及其重要内涵，确定相关评价维度，在充分考虑中国国情的基础上，构建科学合理的中国水安全评价指标体系，对中国水安全进行系统整体的评价与态势把握，科学诊断与凝练中国水安全存在的主要问题，以期为中国国家安全与资源安全的切实保障及水治理体系的逐步完善提供决策参考。

1.3　评价方法与分析

1.3.1　中国水安全评价指标体系构建与权重确定

水安全应包含以下几个重要内涵：水量足以满足合理需求量、水质符合用水要求、供水及水生态系统可以长期持续、供水的成本可以承受、防洪安全可以保证。基于以上内涵，本研究将水安全定义为：一个国家或地区能可持续地以可承受的成本供给数量足够、水质达标的水资源，以及维护良好生态环境、减轻水旱灾害的能力。根据水安全的内涵与系统完备性，采用层次分明、可进行严格一致性检验的层次分析法，从以下五个方面构建中国水安全评价指标体系：①数量充足性，衡量区域水资源数量是否可以满足人类工农业等经济活动和日常生活需求；②水质符合性，衡量水质是否满足生活生产和生态用水的水质要求；③可持续性，衡量水资源是否能够持续保证自身数量、人类开发利用需求和生态功能需求；④成本可承受性，衡量用水户的水价承受能力和整个社会的供水成本承受能力；⑤防洪安全保证性，衡量区域洪涝灾害发生情况以及防洪能力与措施。之后根据指标间相互作用关系，以减少指标之间共线性、提高数据可获得性为原则，精选每一子准则的具体评价指标。

结合层次分析法与专家调查法确定指标权重，其优点是既能借助专家集体知识，又能通过客观的一致性检验避免研究者个人主观偏好的影响。具体做法是请每位专家根据指标体系的组成结构独自给出各指标之间相互重要性的判别矩阵，再对专家群的判别矩阵样本进行一致性检验，若检验未通过，则重新展开专家群调查，直到获得符合统计检验标准的数据，并采用数学统计方法计算各权重。本研究共向水安全相关研究领域的专家进行2轮问卷咨询，并根据专家意见对一些指标进行微调。第一轮共收回有效问卷29份，第二轮共收回有效问卷25份。利用多配对样本非参数检验方法——Kendall协调系数W检验对结果进行一致性检验，第二轮专家打分的

W值为0.583，说明各专家打分一致性较好，显著性水平P为0.000，结果通过检验。

数据来源于所能获取的最近年份的统计数据、规划资料、水资源调查评价资料和部分项目组整理分析数据等。对各项指标设定了评判标准，例如首位城市生活用水价格与人均收入之比，参照国际常用标准，当其值低于1%时为完全能够承受，设为完全安全的标准，高于5%时为不安全，设为不安全的标准。根据评判标准对各指标数据进行标准化处理，计算各指标评分，并结合权重进行指数集成，得到中国水安全各准则层、子准则层及总体的综合得分。定量评价为分级百分制：90以上（优秀）、80~89.9（良好）、70~79.9（中等）、60~69.9（及格）、60分以下（不及格）。

表2-1　　　　　　　　　　　中国水安全评价指标体系及权重

准则层	子准则层	评价指标
数量充足性（0.2961）	常年需水数量满足程度（1）	农村饮水安全人口百分率（0.4034）
		城镇自来水普及率（0.3739）
		3年平均旱灾成灾面积率（0.2227）
水质符合性（0.2202）	自然水体水质（0.6216）	I~III类水质河流长度比例（0.3574）
		I~III类水质湖泊个数比例（0.2224）
		城市集中饮用水水源水质达标率（0.4202）
	供水水质（0.3784）	城镇自来水供水水质达标率（1）

续表

准则层	子准则层	评价指标
可持续性（0.2074）	水资源可持续性（0.4377）	当地水资源增减率（客观权重）
		客水增减率（客观权重）
	开发利用可持续性（0.3019）	地表水资源开发利用率（客观权重）
		地下水开采率（客观权重）
	水生态可持续性（0.2604）	入海（出境）流量率（0.4289）
		过去十年重要湖泊面积变化（0.5711）
成本可承受性（0.0893）	生活水价可承受性（0.5224）	首位城市生活用水价格与人均收入之比（1）
	生产水价可承受性（0.2236）	首位城市水价经济增长弹性（1）
	供水成本可承受性（0.2540）	边际供水成本与人均收入之比（1）
防洪安全保证性（0.1870）	安全效果（0.6641）	3年平均洪涝人口死亡率（0.6354）
		3年平均洪涝损失占GDP比重（0.2188）
		3年平均发生内涝城市百分率（0.1458）
	防洪能力（0.3359）	堤防防洪标准达标率（1）

注：根据专家咨询建议，利用当地水与客水、地表水与地下水各自的供水比例作为客观权重。

1.3.2 中国国家尺度水安全现状与未来评价

1.3.2.1 现状评价

中国水安全现状评价综合得分为83.72，评分等级为良好。其中成本可承受性的得分为98.18，评分等级为优秀；数量充足性和可持续性的得分分别为88.12和85.66，评分等级为良好；水质符合性与防洪安全保证性评分较低，分别为76.33和76.43。

①数量充足性：中国水资源可利用量大于需水量，但局部地区存在严重的缺水现象；农村饮水安全人口比例逐年增高，农村供水的数量和质量均得到较好的保障，只有少数干旱地区的偏远农村存在饮水困难；城镇供水保障稳步提升，城镇自来水覆盖率高；旱灾近期总体偏轻，主要集中于中国北方局部地区，正常年份能够满足农业用水的需求。②水质符合性：中国水资源质量不容乐观。全国地表水总体为轻度污染，将近四分之一的河长和近四分之三数量的湖泊已被严重污染；城市集中饮用水水源水质达标率能稳定在90%左右，但仍需提升；供水水质问题仍较为突出，全国城镇

自来水出厂水质合格率只有约83%，用户终端水质还可能更低。③可持续性：中国多年平均水资源和国外入境客水基本保持稳定，可持续性高；水资源开发利用整体没有过度，但海河平原和某些内陆盆地等区域存在水资源过度开发现象；中国入海（出境）流量率近年来有所提高，基本可以满足河流、河口和海域淡水的生态需水要求，而过去十年重要湖泊面积变化相比20世纪90年代湖泊萎缩最为严重的时期已有所好转，但仍未恢复至最佳状态。④成本可承受性：现阶段中国的生活水价还很低，水费支出占其人均可支配收入的比例远低于3%的国际安全标准；中国水价经济增长弹性小于1，生产水费支出不是影响企业效益的主要因素，企业具备生产水价承受能力；中国当前供水成本相对于人均收入水平很低，以南水北调至北京为例，同样远低于3%，说明社会具备用水成本承受能力。⑤防洪安全保证性：近年来洪涝灾害总体偏轻，受灾区域相对集中于西南和华南沿海地区，洪涝灾害死亡人数、经济损失程度较2000年以来均值减少五成左右；城市内涝问

题愈加凸显，近三年发生内涝城市比例近六成左右；堤防防洪标准达标率不到七成，仍有较大提升空间。

1.3.2.2　未来评价

2030年，中国的水安全综合得分为93.32，达到优秀的水平；数量充足性、水质符合性、可持续性、成本可承受性得分分别为94.11、93.51、93.61和98.80，均达到了优秀的水平；防洪安全保证性得分最低，为88.93，属于良好水平。

①数量充足性：根据用水库兹涅茨曲线规律，预计用水量仍将低于可利用量8100亿立方米，用水高峰不会超过6500亿立方米，供水能力能够满足用水需求；随着南水北调等跨区域调水工程逐步建成，水资源供求关系最紧张的黄淮海、河西走廊等地区的水资源保障程度将明显提高；随着水质达标率和供水保障程度的进一步提高，中国农村人口饮水安全未来将全面得到保障，预计未来旱灾将比现在略有减轻。②水质符合性：根据

国务院各项规划要求，2030年主要水功能区水质将全面达标，全国七大重点流域水质优良比例总体达到75%以上，城市集中式饮用水水源水质达到或优于Ⅲ类比例总体为95%左右。根据环境库兹涅茨曲线规律，中国已到环境状况由劣转优的临界水平，水污染状况已经有整体停止恶化的趋势，预计到2030年左右水环境状况将恢复到良好水平。③可持续性：各地降水和水资源变化幅度有限，未来水资源具有可持续性；通过更合理的水资源配置，调水工程的实施，非常规水源的补充，水资源开发过度和水生态退化地区的问题将逐渐好转。北方地区河流断流等水生态问题仍不可忽视。④成本可承受性：未来中国的供水成本仍将保持在可承受的范围之内：中国用水量已接近顶峰，未来所需新增供水能力和新修供水工程已经不多，且非常规水源的供水成本和水加工成本在降低。关于水价可承受性，即使未来水价上涨速度比人均可支配收入上涨速度快一倍，人均用水量由于生活水平提高比现在增加50%，水费支出仍将低于个人可支配收入的3%。

⑤防洪安全保证性：未来防汛工作仍面临严峻挑战，流域性大洪水、局部强降雨等时有发生。据相关规划目标预计，未来中国洪灾危害将与现状基本持平或有略微下降；2030年城市建成区80%以上面积要达到海绵城市标准，城市内涝将得到有效缓解；根据水利部堤防建设的目标，预计未来堤防将全面实现达标。

1.3.3 分省（流域）水安全现状与未来评价

1.3.3.1 数量充足性

分省而言，中国华南，尤其是沿海省份水资源数量充足，能较好满足城镇和农村居民饮水安全和社会经济快速发展的需求；华中和东北省份的水资源数量也相对较好；华北平原的北京、天津、河北等省份水资源供需存在失衡的风险，但随着跨区域调水工程的逐步完成，供水需求得到了较好的满足。水资源数量充足性较差的地区主要为内蒙古、西藏和甘肃等省份，农村饮水安全保障程度较低，近年来旱情严重，城镇自来水普及率相对较低。2030年，随着各省城镇自来水全面普及，以及水利工程、区域调水工程等基础设施建设的逐步完善，农村饮水安全将全面得到保障，正常年份粮食生产的供水需求能够得到满足，北方部分地区较为严重的旱情将得到有效缓解。总体而言，中国东部沿海省份的需水满意程度将维持高水平并稳步提升，而中西部省份，特别是水资源较为贫乏的西北部省份，将会有较大程度的改善。

分流域而言，中国南方如珠江、长江、东南诸河与西南诸河流域，水资源充沛，能够满足生活、生产等各类用水需求，但西南诸河流域供水设施建设相对薄弱，农业需水满足程度相对较差；北方流域中，松辽流域的水资源数量相对充足，而水资源供需平衡矛盾最紧张的黄淮海流域，受益于跨区域调水的供水补充，情况有所缓解。西北诸河流域水资源稀缺且分布不均，随着社会经济用水增加，水资源供需矛盾日益凸显。2030年，珠江、长江、东南诸河、松辽等水资

源丰富，供水设施建设较为完善的流域，需水满意程度将继续保持较高水平；跨流域调水设施的全面完工，将有效保障水供需紧张的海河和淮河流域的用水需求；供水设施建设的逐步提升将保障西南诸河、西北诸河和黄河等流域的农村饮水安全和正常年份粮食生产的供水需求。

1.3.3.2　水质符合性

分省而言，京津冀及山东、山西等地受严重污染的河流和湖泊比例较高；西北部分省份及东北地区的辽宁等地水质情况也有待改善；南方省份中云南、广东和上海等地水质较差，主要问题是湖泊水质较差。此外，各省城市集中饮用水水源水质达标率整体情况较好，基本符合用水需求，而城镇自来水供水水质仍有一定的提升空间。2030年，根据环境库兹涅茨曲线规律，中国目前已达到环境状况由恶转优的临界水平，特别是经济发展水平较高的省份，未来将更为重视经济与环境的协调共赢。中国南方和西部省份将继续保持较为良好的水质情

况，广东、上海等地将明显改善地区水质问题，北方尤其是京津冀地区的水污染将会得到有效的缓解。随着水源地水质的改善，及输供水和水处理设施的逐步完善，未来城镇供水水质也将实现全面达标。

分流域而言，中国北方流域的水质整体劣于南方流域，其中黄淮海流域的河流湖泊、地下水污染均较为严重，城市集中饮用水水源水质达标率偏低；辽河流域的河流水质污染较为严重；西北诸河相对较好；南方流域中，长江、西南诸河和珠江流域湖泊水质较差，东南诸河流域水质较好。2030年，根据流域环境治理规划和发展趋势推断，中国长江、珠江等7个主要流域的水体水质和水源地水质均将有明显好转。

1.3.3.3　可持续性

分省而言，京津冀及山西、山东等省份，水资源不可持续风险高，多年平均水资源减少明显，用水需求高，地下水超采和生态需水挤占现象

严重；中国西北干旱和半干旱地区的宁夏、甘肃、新疆等地，水资源极为贫乏，生态环境脆弱，蒸发量大，河流和湖泊水损失较为严重，且随着社会经济的发展，部分地区水资源承载能力超负荷，生态需水侵占严重；中国南方省份的水资源丰富，多年水资源量维持稳定，水资源开发利用程度较低，水生态问题不突出。2030年各省水资源量不会有较大变化，通过更为合理的水资源配置、调水工程的实施以及非常规水源的替代效用，目前因水资源供需紧张而导致水资源开发过度、地下水超采、水生态退化的省份，可持续性将会明显提高。总体而言，京津冀地区的可持续问题将会得到较大程度的缓解，而西北地区部分地区由于自然条件的限制，仍将面临较高的不可持续风险。

分流域而言，中国北方流域可持续性明显差于南方流域，其中海河流域可持续问题尤为严重，多年以来水资源减少十分明显，且水资源开发过度，现状水资源状况不可持续；黄河流域的水生态可持续性也存在

突出问题；松辽流域的水资源减少较多，生态需水被严重挤占。2030年中国水资源变化幅度有限，大流域水资源具有可持续性。水资源超采现象突出的海河流域，通过新水源开发，当地水资源过度开发的情形将会得到较大程度的缓解；西北诸河、黄河流域等由于自然条件恶劣，水资源稀缺，地表蒸发量大，加之未来水资源开发利用增多，可持续性仍将面临一定的威胁。

1.3.3.4　成本可承受性

分省而言，中国各省份生活用水支出和边际供水成本均明显低于人均收入3%的国际安全标准，但部分经济发展水平不高的地区，由于存在高成本的高扬程提水和长距离调水，部分供水工程建成后难以正常运行，如山西万家寨调水、宁夏、甘肃等地的高扬程扬黄工程等。中国各省水价经济增长弹性均小于1，水价与经济发展协调度较高，其增长基本保持在合理范围之内，生产水价可承受性高。2030年，各省生活生产用水及供水成本可

承受性仍将继续维持在较高水平：一方面，由于非常规水源供水成本下降，原水水质改善等原因，供水成本逐渐降低；另一方面，随着经济发展，居民的经济承受能力也在稳步提升。除个别贫困地区外，中国各省供用水成本将稳定在可承受的范围，经济发展较好，没有调水工程的省份，成本可承受性将更高。

分流域而言，各流域生活用水支出和边际供水成本均低于人均收入的3%。但在具有高扬程提水、长距离调水的流域，也存在供水成本过高的风险，如海河流域中南水北调的供水成本较高，只有经济效益好的高附加值产业才能承受。2030年，中国各流域的生活生产用水及供水成本可承受性仍将继续维持在较高水平，但需考虑中国西部部分地区跨流域调水工程的供水成本是否会超过当地贫困地区的经济承受能力。

1.3.3.5　防洪安全保证性

分省而言，强降雨重叠区域多的

南方和西部省份，洪涝灾害较严重，如湖南、广东、广西、重庆、四川、贵州、云南等地，洪涝人口死亡率和洪涝损失占GDP比重均较高；中国城市内涝问题十分严重，几乎所有省份半数以上的城市均发生过内涝，且呈现逐年递增的趋势；中国西部省份的堤防达标率较高，东部相对较低。2030年，随着防洪工程的逐步完善，中国遭受洪涝灾害的范围和程度必将减小，但灾害难以预计，强降雨发生概率高的南方省份和地势陡峻的西部省份遭受洪涝灾害的情况仍将比东部和北方严重。通过海绵城市的稳步建设，中国城市内涝问题将得到有效缓解。

分流域而言，水量充沛的南方流域洪灾较为严重，如长江和珠江流域，尤其是中国西南部，容易出现滑坡、泥石流等次生灾害。北方的西北诸河和黄河流域近年来洪涝人口死亡率和洪涝损失较高，也面临较高的洪涝灾害风险。此外，长江、珠江、海河和松辽流域的堤防达标率较低，

防洪工程能力仍需提升。2030年，中国将转入对小流域洪涝防治、城市雨洪排涝等防洪薄弱环节的建设，预计各流域防治洪涝灾害的能力将稳步提升，但流域性大洪水、局部强降雨和台风等所导致的山洪、城市内涝等灾害仍将时有发生，特别在中国西部和南方部分流域较为凸显。

1.3.3.6 水安全综合评价

分省而言，中国北方综合水安全等级明显低于南方，南方所有省份评分均为良好及以上，而北方各省评分均为良好及以下，评分最低的地区主要为中国华北平原的河北、北京、天津及山西、山东等省份，具有区域集聚性。2030年，中国北方综合水安全水平仍普遍低于南方，评分较低的地区主要为中国西北的宁夏、甘肃、内蒙古等省份；分流域而言，评分较低的地区主要为中国北方的黄河、淮河与海河流域，而2030年中国北方综合水安全水平仍普遍低于南方。

1.4　结论与建议

总体来说，中国水安全整体状况良好，但区域问题凸显。

（1）部分区域需水满足程度较低，水资源过度开发问题凸显。中国整体水资源可利用量可以满足用水需求，但黄淮海等流域水资源短缺问题仍十分突出。北方旱情相对严重，西北地区农村的生产生活需水满足程度较低。个别区域过度开发现象明显，如海河平原地下水超采严重，水资源存在不可持续的风险。为缓解区域水资源供需紧张的矛盾，减轻其对粮食生产、城镇供水和生态环境造成的不良影响，应依靠优化配置和提高效率满足新增供水需求，通过开发新水源保障缺水地区的用水需求，加大非常规水源的开发利用，解决海水淡化、中水回收处理的技术和成本问题，促进城市雨洪管理、雨水利用、水源涵养、生态建设的有效配合，逐步消除水资源过度利用现象。

（2）自然水体水质污染严重，供水水质仍需提升。水质污染是中国水安全的首要威胁之一，目前中国河流、湖泊、地下水、近海流域等均呈现不同程度的污染。而供水水质亦存在隐患，中国城镇自来水出厂水质达标率不到90%，通过管网供水后，用户终端用水水质可能更低。为控制水污染形势，应将水环境治理作为生态文明建设的优先区域，并将污染源的控制作为重中之重，将污染物排放总量控制在水域纳污能力之内，实现水环境的改善和达标。同时加强水源地保护措施，提高供水水质监管力度，加强供水水质信息的公开化和全面化。

（3）水生态退化虽有所缓解，但部分地区水生态功能受损仍较为严重。虽然中国重要湖泊萎缩情况已有所好转，水生态可持续性得到加强，但仍未恢复到最理想状态。由于大坝拦截，水库蓄水等人为活动的干扰，中国北方地区普遍存在河流断流等问题，河流本身的生态基流考虑不足，生态用水被严重挤占，将极大危害河流生态系统的可持续性。在水资源配置和水利工程调度管理中，应尽可能考虑河流生态的需水要求，保护河流生态系统，保障水生态的可持续性。

（4）部分高成本供水工程运行与维护存在困境。一些地区跨流域调水、高扬程供水工程的高成本，可能暂时超出了当地经济发展水平的承受能力，存在一定程度工程效益难以发挥的风险。在考虑真实供水成本的前提下，供水成本承受能力强的缺水地区可以适当调水，以避免出现超采和工程闲置的双重困境。

（5）防洪工作仍面临严峻挑战。洪灾整体规模与危害较以往有所减轻，但局部地区洪灾严重，防洪排涝减灾体系仍存在不少薄弱环节。应着力补齐中小河流治理、小型病险水库除险加固、城市雨洪排涝能力建设等"短板"，保障防洪安全。

就未来趋势而言，中国水安全既面临严峻挑战，也面临大好机遇：中国仍处于经济快速发展的过程中，人口将继续增长，城市化水平和人均生活水平将明显提升。更多大城市的涌现，加之气候变化的不确定性，供水、洪涝防治都面临诸多挑战，将给中国水安全带来更大的压力；另一方面，由于环境及用水库兹涅茨曲线规律的作用，中国排污量、用水量已经转而下降。在严格管理和大力投入的前提下，随着近年来国家大江大河防洪体系的完善和中小河流防洪工程项目的实施，水污染防治上升为国家生态文明建设的重大战略，用水量达到顶峰转而下降，中国水安全形势必将趋于好转。

1.5 致谢

感谢国务院发展研究中心各位专家的统筹指导，感谢专家咨询过程中各位专家的大力帮助，感谢课题组成员的辛勤付出，感谢世界银行对该专题的鼎力支持。

———————

（贾绍凤，中国科学院地理科学与资源研究所研究员；邓捷铭，中国科学院地理科学与资源研究所博士研究生）

专题报告三
推进中国的水质交易市场化

Bobby Cochran

1.1 背景介绍

随着工业化、城市化以及人口增长，水质恶化威胁供水安全，对人类健康、可持续性和发展带来日益增长的挑战。中国的人口占世界总数的20%，而水资源量仅占全球总量的6%，而且由于经济增长、气候变化影响以及体制机制管理方面的差距，水资源更是面临着较大的环境压力。由于有效的水资源管理措施不足，保守估计水污染经济成本占GDP的2.3%（Xie et al.，2009）。

为应对这些水挑战，中国政府投入了大量资金，并推出了一系列重要的监管举措。就成本而言，工业和城市废污水处理方面的投资效益明显，大大减少了污染物排放量，降低了化学需氧量和氨氮浓度。在降低农业面源污染方面，多项措施得以实施，减少了农药和化肥的过量使用。根据"十三五"规划要求，中国政府正在持续推动环境政策的进一步创新，向更加可持续的经济发展模式转变，实现"生态文明"目标（State Council，2016）。针对水资源管理的不同方面，政府制定了新的政策、条例和标准，并设立了宏伟的减排目标，包括采用基于市场的机制和政策来解决水污染问题。

水质交易市场（也称为排放交易、可交易配额、水质交易等）可以更低的成本、在更短的时间内改善水质，并为社区和企业带来多重效益。从国际上的经验来看，设立水质交易市场有利于人们更为便利地获取有关污染源和减排目标的信息，加强政府、企业和农民之间的合作，提升水管理的应变能力，改进水质数据的监测和集中采集。水质交易市场之所以有效，是因为它提升了减排目标实现方式的灵活性，使得减排成本较高的排污企业能够从减排成本较低的排污企业处购买减排指标，后者的减排成本低于要求的基准水平（Selman et al.，2009）①。

自20世纪七八十年代以来，中国和美国都开展了水质交易市场相关的实践或理论探索。然而，水质交易市场的发展一直面临着政策和市场准则不一致、信息缺失以及监管不到位等方面的问题。与大气市场不同的是水质交易市场通常局限在一定的区域内，这就导致了潜在买家和卖家有限

① 减排指标（Credit）是指观测或预估的，在特定地点、单位时间的污染减排量（如千克/年），它可以作为市场的一部分进行买卖交易（USEPA，2007）。

以及交易量较低等问题。清洁的水资源与人民大众切身利益相关，因此，协调相关各方利益是一项具有挑战性的工作。尽管水质交易市场面临诸多挑战，但还是有一些成功的案例。据估计，2016年，在中国以外的全球水质交易市场上，成交金额为3180万美元，较2013年的2080万美元有所增加（Bennett and Ruef，2016）。

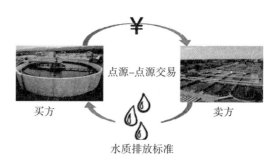

图3-1　水质交易示意图

水质交易市场的潜在效益有：①降低水质改善成本，加快水质改善速度；②提高满足监管要求措施的灵活性；③为超额减排的单位创造新的收入来源；④在减少目标污染物排放量的同时，创造多种环境效益；⑤在水质改善状况跟踪方面加强问责、创新方式；⑥在企业、农民和社区之间建立新的关系（改编自Willamette Partnership et al.，2012）。

尽管国际上的一些实践表明，水质交易市场通常只有在特定的监管、体制和技术等前提条件下才可行，然而也有许多实际案例中并不具备一个或多个前提条件，却实际上成为重要的切入点，促进管理模式的完善。中国正处在复杂多变和快速发展的环境中，目前正在进行必要的体制、监管和技术改革，水质交易市场机制对提升水资源管理水平、提高体制灵活度、降低成本、实现水质目标颇有价值。

1.2　目标任务

本研究报告旨在提供有关水质交易市场国际最佳实践案例的背景资料，回顾总结中国的经验，并就如何推动水质交易市场、全面提升水管理，提出意见建议。该报告是在"中国迅速发展的政策环境下的水质交易市场：挑战和机遇"和"推动中国水质交易市场：政府和企业指南"两个报告的基础上完成的。

1.3　问题/分析总结

水质交易市场建设要求就期望水质目标、污染减排责任方、减排过程监测跟踪做出明确决策。根据各国的经验和最佳实践案例，一个成功的水质交易市场必须具备几个重要的前提条件[①]：①有指定的机构来实施减排行动；②有明确的污染源；③混合的污染类型不会造成局部影响；④在不同的污染源之间，减排成本不一；⑤水质交易市场的地理边界清晰。为了建立有效的市场，需要具有共同的要素和过程步骤，包括指导水质交易市场设计和运行的共同原则、标准化的水质交易市场设计步骤以及有关推进水质交易市场的建议。

成功的水质交易市场需要做到过程透明、切实减排、问责跟踪、科学可靠和职责清晰。如果某些前提条件没有到位，水质交易市场可能会面临挑战[②]，包括：①如果监测受到限

---

① 世界资源研究院，2013；Stavins，2006。
② 改编自 Willamette Partnership et al.，2012，Part 1，p.13。

制，将带来实际减排效果的不确定性；②造成局部的污染热区（例如局部范围的高度富营养化或有毒物质浓度的汇集）；③人们可能会认为某些污染者对减少污染未尽到应有的责任；④引发市场参与者对隐私和透明度之间平衡的关切；⑤如某些单位被迫比其他单位承担更多减排责任，则对新建企业或扩建企业存在公平性问题等。

世界各国的经验还表明，即使不具备这些前提条件，发展水质交易市场的进程本身也将成为改善水管理的重要催化剂。水质交易市场发展过程中的潜在可改进的方面包括：①形成更有效的平台和方式，便于水资源利用和管理相关政府机构、经济主体和社区之间的交流、参与、合作和联合决策，包括明确参与各方的目标、权利、角色和责任；②加强水质监测，进一步明确主要污染者，并更清楚地掌握相关地理单元范围内的水资源状况；③更进一步地了解已明确的污染者的减排成本；④提升管理框架的灵活性和适应性。此外，不断完善水质

交易市场发展还将推动形成过程为本的、着力于解决问题的、更综合和有效的管理框架，并在水资源管理和规划中引入更加完善的经济理性，从而通过创造需求，回馈和加强水质交易市场的发展。

水质目标清晰、完整、可实施，并且是可通过监测核实减排的真实性，这是水质交易市场中最关键的2个要素。政府已经划定了一条明确的红线，要求主要水功能区水质达标率达到95%，到2030年所有饮用水源都要达到农村和城市的相关标准。水质目标要确保市场产生预期的效果，并为最佳设计和市场运行提供信息。在监管或政策机制框架中确立目标时，需要认真考虑对市场活动（需求）的限制程度的影响。如果污染物限制或上限设定得过于严格，或者要求达标的时限太短，为满足监管要求手段的交易成本就可能将高于替代方案。如果上限设定得过于宽松，则不能产生市场需求（Corraleset al.，2013）。对于中国来说，在任何减排指标需求产生之前，都需要建立一个配置污染许可

和交易许可的制度。排污许可总量要有足够的稀缺性，以创造额外排污许可的需求，但又不能过于稀缺，防止交易成本变得过高，限制了市场行为（Zhang et al., 2013）。水质目标的明确性也往往取决于对污染造成损失的科学理解。

针对特定行业、特定污染物制定减排目标是形成水质交易市场需求的重要的第一步。然而，关键经济主体和用水户可能会在某一时间点就减排的力度提出质疑，例如为支撑目前和未来的清洁饮水、工业、农业、渔业和娱乐业用水的需求，需要实现的减排量。为了预测和解决这些问题，建议采取以下措施：①现有的水质标准和未来流域纳污标准应考虑充分利用水质交易市场，并将其中一些目标扩大到其他重要水体；②应制定观测和报告污染减排状况的指导意见；③污染排放的数据库和报告的结构应有集中统一的要求；④数据库还应反映对污染减排和市场交易的跟踪；⑤应为地方政府提供低成本、标准化的预测和观测污染减排的工具（例如用于农场的标准化营养物还原模型）；⑥应提供标准化的验证模板，以监测污染指标出售方的污染物排放和遵守合约情况。

对减排指标的有限需求是影响水质交易市场成功的一个常见的因素。需求往往是由更为严格的、可实施的污染减排要求所驱动[1]，水质交易市场不太可能依靠自愿减排来创造减排指标的需求。相互冲突的政策和监管限制也会成为障碍（Corrales et al., 2013），中国的水质交易市场需要匹配国家的五年规划目标、环境影响评价、污染排放税和地方要求等政策框架（Zhang et al., 2012）。在某些情况下，这些政策可能会对水质交易市场的参与各方、交易方式、监测和跟踪污染减排的责任方等造成限制。对风险和不确定性的管理也很重要，因为这可能增加水质指标的交易成本，并在买卖双方之间实现转移。高昂的交易成本降低了市场的经济效率，如交易成本过高，就可能成为交易的障

————————————

[1]　Willamette Partnership et al., 2012, Part 1, p.17.

碍（Alstonet al.，2013）。交易成本包括：①建立和开拓市场的启动成本；②寻找和匹配买方和卖方；谈判交易价格和条款；监测、核实和实施交易的成本。风险也来源于涉及污染源及影响、天气事件、市场规则变化以及市场参与行为方面的不确定性，而通过适当的市场设计，可以减少这些不确定性的影响[1]。但是，减少风险往往需要获取更多信息，这一直是挑战各种水质交易市场的一个重要问题。填补这些信息空白需要时间和资源，需要权衡已知风险与管理这些风险的成本。

三十多年来，中国一直在进行水和大气污染排放权交易的基础建设，污染排放交易市场在很大程度上受政府政策的驱动，需要政府的大力干预。大多数"买家"购买排放指标是为了新的污染源，或是现有污染源的排污增加。环境保护部和财政部在太湖流域（Wangetal.，2008）以及其

他省份[2]开展了排污权交易平台的试点。尽管中国大气污染许可证交易试点的排放交易受到体制和政治因素的很大影响，截至2013年，在大气和水质交易市场、污染排放税实现了总额超过39亿元的交易量，其中大气和水质交易市场19亿元人民币，污染排放税20亿元人民币。水质交易市场完成了17.6万吨化学需氧量和20万吨氨氮排放指标的交易。大部分大气和水质交易市场交易集中发生在浙江、山西、陕西和江苏（86.2%）。排污税主要用于政府在治污和减排方面的能力建设（Liu，2014），其中大多数交易都结合了地方环保部门安排的新建、扩建和技改项目（Morgenternet al.，2004）。

为最大化实现水质交易市场的效益，需要将更广泛的经济主体和部门纳入交易中。在国际上，有几个水质交易市场允许在点源污染物（如工业）和面源污染物（如农业）之间进

---

[1]　Willamette Partnership et al.，2015，p.90.

[2]　包括重庆、江苏、浙江、内蒙古、湖北、青海、广东、福建、河南、湖南、新疆、陕西、河北、山西。

行交易。在中国，农业面源污染已经超过工业点源污染，成为中国主要的水污染源（Xuand Berck，2014）。因此，必须将农业纳入水质交易市场。但是，中国农业生产的特点使得近期内解决这一问题颇具挑战性，因为中国的大部分农作物生产依靠2亿农户完成，2010年户均农田面积为0.6公顷（Huang、Wang and Qiu，2012）。这表明，如不创新手段，交易成本很容易让人望而却步。新西兰、加拿大和美国已经形成了涉及点源污染方作为买方、农民作为卖方，或以农户同时作为买卖双方的市场方案，其中包括种植特种作物的小农户（Duhan etal.，2015；O'Grady，2008；Selmanet al.，2009）。因此，可以考虑首先将较大规模专业经营的、企业所有的农场或国有农场纳入水质交易市场，同时就较小规模的单元，如承包村等，作为单一实体纳入水质交易市场的机遇、交易成本和风险进行探索。

参与者之间的社会关系对于促进交易的信息交流、信任和互惠互利非常重要（Corrales et al.，2013）。信任也有助于降低交易成本（Mariola，2012）。从国际经验来看，利益相关方的积极参与对于确保社区参与者进入环境市场至关重要。（Hejnowiczet al.，2014）。在中国，重要的利益相关者的组成可能会有所不同，但在设计之初即让重要买家、卖家和市场管理者参与进来可能仍然很重要（Han and Hu，2011）。水质交易市场建设的诸多方面都必须因地制宜地开展，但往往也需要为不同的利益相关方制定一套共同的水质交易市场指导原则。在美国，企业、政府、农民、环保主义者和其他利益相关方、部分国家水质交易网络制定了以下指导原则（Willamette Partnershipet al.，2015）：①实现有效的管理和环境目标；②以科学为基础；③提供充分的问责制、透明度、可达性和公众参与，以确保预期水质目标得到落实；④不引发当地的水质问题；⑤与水污染防治和控制的监管框架保持一致；⑥制定适当的达标和实施规则，以确保实现长期成效。

1.4　结论与建议

决策者越来越倾向于利用市场机制，推动工作并取得较大的成效。第一，市场可以成为"价格发现"非常有效的机制，因此，水质交易市场可用来确定在某一具体情况下，水质指标限额的真实成本。第二，价格也有助于体现资源的相对价值，并有助于发现资源瓶颈的"热点"。第三，市场有助于通过价格刺激更好的供需管理，包括推动技术创新，突破制约因素。因此，在中国，运行良好的水质交易市场有助于鼓励企业采用最佳管理方法来减少其产生的污染。最后，市场是动态的，它通过价格信号创造灵活性和适应性。面对当前持续的气候变化影响，这一点尤为重要，因为气候变化将对水系统产生重大和不可预见的影响。

水质交易市场的发展给解决水质问题提供了可能。然而，要克服中国面临的挑战，还需要采取有针对性的行动。市场并不神奇，尽管政府提倡以市场为基础的水管理方法令人鼓舞，但是水质交易市场并不能取代实现有效水管理所需的根本性的改革。过去的实践经验表明，只有通过一个综合有效的水质监测系统、明确和具体的水资源管理法律和监管框架、现行和未来的规章和合约的有力落实、中央和地方各级水管理机构充分的技术支撑能力，才能实现有效的水资源管理。

要建立任何水质交易市场，都必须回答一些具有共性的问题，同时市场必须遵循一套共同的设计步骤。使用标准的设计步骤，如下所示，可以降低启动成本，提高延续性以扩大市场规模，并提升市场成功的可能性。这些标准元素和设计步骤融合了全球最佳实践经验和市场成功的前提条件，并将其纳入市场政策和实践。

图3-2　水质交易市场设计步骤

根据国际经验，在水质交易市场的发展过程中，国家可以利用多种方式，鼓励省级及以下水质交易市场试点项目的开展。这包括市场"裁判员"的标准角色，即监测和核实水质、执行水法规和合约，以及市场"推动者"的角色（Scherr and Bennett，2011）。中央政府已在政策及资金方面明确表示支持，以解决存在的管理差距，这意味着水质交易市场的发展可以发挥重要的作用，既可以提升灵活性和适应性，促进管理框架升级，也可以在水资源利用和投资的规划中，形成更加完善的经济合理性。要加强市场作用，可以考虑以下建议。

（1）提高对水质交易市场工具属性的认识。尽管水质交易市场并不是一个新的概念，但许多政府和企业的利益相关方并没有认识到它的潜力，或者在设计和利用这一手段实现水质目标方面的专业知识往往有限。因此，需要经常性地积极开展相关知识教育和培训，了解市场在哪些情况下可以发挥作用，在哪些地方没有市场，以及如何开展工作。中国可以通过以下措施提高对市场的认识和关注：①提供有关水质交易市场适用性方面的交流渠道和信息；②对地方政府进行有关市场设计可用资源方面的培训；③企业和地方政府在其污染减排规划过程中，鼓励其尽早考虑利用水质交易市场这一工具。

（2）提供技术支持和指导。中国各地的许多地方缺乏自行开发水质交易市场的能力，因此中央政府可以向有意愿开展水质交易市场的地方提供支持，包括：①建立和提供标准化的方法和准则；②协助制定污染减排的基准和底线；③协助监测和评估市场的运行情况；④根据当前的市场运行情况，定期（但不经常）回顾研究国家和地方市场政策，以进行适应性管理。所有这些工作都可以通过设立推动水质交易市场发展的国家级办事机构来提供支持。

（3）进行可行性研究，确定水质交易市场试点最有可能成功的地方。如果没有需求，市场就不能发挥作用。当污染减排的责任得到明确时，需求往往就会产生，而污染排放者就会将这一责任转化为自身的工作计划。潜在的买方还需要知道如何进入市场、减排指标的成本、以及如何理解潜在的风险。明确的市场规则可以解答这些问题。中国可以在全国范围内，寻找具有明确的需求和建立了明确的规章制度的流域，对其正在进行的试点项目进行详细的回顾总结。在美国，如果仅有利益相关者的关注，实施试点项目并不能产生所期望的活跃的市场。良好的可行性研究有助于明确市场成功所必须的条件。污染减排目标明确、利益相关方支持、并有足够数量潜在买方和卖方，市场即变得可行，国家应资助和支持这些流域开展相关的可行性研究。

（4）提高市场政策和实施的一致性。国家也可以通过建立更加协调一致的政策环境，来改善地方水质交易市场的实施环境，其中包括：①在国家政策中明确授权和（或）优先利用水市场工具；②制定一系列通用的指导原则、提供最低限度的市场支持，为当地市场发展提供一个起点；③制定地方政策的模板，地方政府可以之为基础，逐渐建立起一致的市场规则和必要条件；④在地方政府建立、经营和适应性地管理水质交易市场时，为其提供技术支持；⑥在企业污染排放者进行设备更新改造和扩大生产规模时，为其提供"市场工具选项"。

——————

（Bobby Cochran，世界资源研究所研究员）

专题报告四
中国水资源短缺和红线政策的宏观经济影响：区域水资源CGE一体化模型的研究结果

陈志钢　张玉梅　朱廷举

1.1　背景和理念

水资源的分配通常涉及许多经济主体和部门，它们之间有着复杂的相互作用，且往往具有相互矛盾的需求。随着人口增加、社会发展以及水文气候条件不确定性的增加，分析水资源分配的经济意义对于支持政治决策也就越来越重要。对于中国经济来说，这一分析尤其重要，因为中国经济正面临着水资源有限、工业化和城市化程度提高、区域异质性和气候变化的挑战，需要具有前瞻性和敏锐性的政策工具，以应对不同经济部门的需求变化和日益激烈的竞争，从而确保水安全，支撑持久和可持续发展。

中国政府认识到了这些挑战，并在过去几十年中采取了一整套、旨在改善水资源管理的政策和立法措施，包括应对水污染、控制涉水灾害、促进节水等。中央政府2011年"一号文件"注重水资源保护，并把节水作为加快经济发展的优先投资领域。随后，国务院于2012年发布了"关于实施最严格水资源管理制度的意见"，确立了"三条红线"，确定了用水量、用水效率和水质相关的具体目标，包括对省级层面的要求。第一条红线的目标是到2030年将全国年用水总量控制在7000亿立方米。第二条红线确定了工业效率的具体目标（用水量减少到每1600美元工业增加值用水40立方米）和农业用水效率（灌溉效率必须超过60%）。第三条红线要求到2030年95%的重要水功能区必须符合水质标准，到2030年所有饮用水源都要符合农村和城市标准。

在"三条红线"内管理用水意味着要将每年的用水需求增长限制在1%以内。虽然目前已有分析预测了未来全国的水供需之间存在差距，但对水资源短缺和上述具体政策对国家和地区经济影响的量化分析却很有限。CGE模型提供了一种全面的方法来模拟政策变化对经济的总体影响。该模型可模拟生产活动、生产要素、家庭、政府之间的相互关系，并可捕捉到政策变化的直接和间接影响。此外，通过将CGE模型与用来优化各种水文情景下水资源分配的水资源模型相耦合，建立一种综合的模型框架，有助于更好地理解水资源短缺与经济增长之间的联系，并探索有效应对这些挑战的方法。

水与经济之间的相互作用极其复杂，虽然自20世纪80年代以来CGE模型在中国得到广泛应用，但很少应用于涉水政策问题的分析。随着经济日益发展和复杂化，对水资源的需求也更趋于多重和复杂化。水具有多种用途，与其他中间投入或最终消费品不同，水可以用于消耗性和非消耗性用途。而这些用途通常是综合性的或相互关联的。此外，关于水的价值属性还需要考虑与资源本身相关的一系列属性，包括水量、时间以及水质。历史上，水的所有用途主要在流域层面内考量。然而，基础设施发展和水的虚拟交易进一步增加了估算水的价值及其对经济贡献的复杂性。这就需要用特殊技术来解决这些难题，并且建立水和CGE模型的联系。首先，水是生产函数的一种要素，总供水量和各种作物用水系数都是固定的，但水可以跨行业自由流动。其次，水是作为一种要素投入被纳入部门的固定替代弹性生产函数中。第三，水是生产函数中一个或多个产业部门的一种投入。最后，水模型与CGE模型相结合，这样作为两个组成部分的经济模型和水模型都得到了增强。

1.2　目的

本研究报告的目的是通过将多区域动态CGE模型和流域–省级水资源管理模型耦合，尝试研究中国"三条红线"政策的经济影响。

1.3　问题/分析概述

本项研究为中国开发了一个一体化的多区域动态CGE和水资源管理模型。这种一体化模型方法利用两种模型的优势来考虑水资源系统和经济系统的特性。希望用来模拟流域水资源核算和跨行业水资源分配，评估缺水对区域经济的影响，以及水资源管理政策对宏观经济的影响。

多区域动态可计算一般均衡（DCGE）模型模拟了市场经济的运作，其中包括所有相关"主体"，如生产者，家庭和政府，以及他们在市场中的相互作用（如图4-1所示）。图中箭头表示支付流。它是在IFPRI（Lofgren、Harris和Robinson，2001）开发的CGE模型的基础上向区域层面（Zhang，2009；Diao等，2012）的扩展。CGE模型的递归动态版本中囊括了一系列动态要素。其中，与其他单一国家CGE模型的设定相似，中国被假定为一个小型开放经济体，即中国的每一个可交易的商品的国际价格都是外生的。按照一般均衡理论，消费者（家庭）和生产者都是单个经济主体。

DCGE模型是一个多行业一般均衡模型，它可以反映和分析供需两侧的经济活动。该模型以利润和效用最大化的非线性、一阶最优条件反映生产和消费行为。其方程中还包括一系列"系统约束"，定义了宏观经济均衡（储蓄–投资、政府和世界其他地区的活期账户的余额），以及要素和商品市场的均衡。它依据最新的宏观经济数据和2012年国家和省级投入产出表，将基准年更新到2014年，并构建了2014年中国经济总量和分解的社会核算矩阵。在模型中的递归只应用于两个周期之间，既不考虑沿增长路径的消费平滑，也不考虑跨期投资和储蓄决策。相反，私人投资（进而资本积累）由索罗型储蓄决策确定，其中储蓄与收入成比例。该模型可用于模拟各种政策或外部冲击的影响，每一种模型解决方案都可提供各种经济指标。模型产出包括国家和地区的国内生产总值、行业产量、交易量、商品价格、家庭收入等。

生产活动和生产要素划分为六个区域（北部、东北、东部、中部、西南、西北部），以反映各区域之间的生产特点和差异。考虑到市场整合，将生产以同样的价格与统一的国家市场联系在一起，区域间贸易不纳入计算。各地区共同生产一类产品，产品间可以相互替换。允许区域内作物生产之间的要素流动，并允许从区域作物生产到国家级的非作物生产和非农业活动的劳动力迁移。鉴于农业是最大的用水户，该模型在区域内将农业进行类别细分，以反映水资源紧缺对各种作物的影响，其中包括共62个类别下的11种作物。

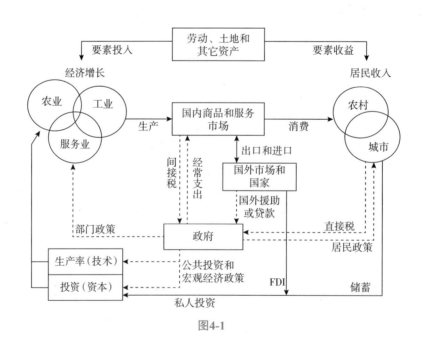

图4-1

水资源模型包括四部分：①生活、工业、灌溉和其他部门的用水需求预测；②供水优化；③跨部门的水分配；④出现水紧张情况的各区域内作物水分配和作物减产模拟。该模型用最小环境流量要求作为流域中最后一个子单元的出流限制条件。最低流量要求也被用于上游的子单元，以反映同一流域内各省之间的水量分配规定。该模型可以模拟技术、社会经济变化以及气候变化对用水的影响。

CGE模型将水资源作为生产的中间产品来反映它对土地生产力的影响。水被分为两种类型的用水：工业用水和生活用水，以区别不同的用水限制。工业用水和生活用水都被进一步分解到每个区域，假设区域之间没有水贸易，需水和供水在区域一级进行平衡。这样，一个地区的用水需求压力只会影响到该地区的水价，其他地区的水价则不会改变。在模型中将水量按行业划分，以评估缺水对各行业用水的影响。

对于中国这样一个面积广大、水文条件多样化的国家，需要将侧重政策分析的水资源模型进行分解，以反映水和土地资源禀赋中的空间异质性，以及各区域在社会经济发展、用水部门的结构、水基础设施和用水技术方面的差异。因此，按照中国水利部划分的10个一级流域与31个省级行政单位交叉分割，模型共创建了76个流域–省子单位（BPU）。这些子单元可用来反映小于流域或省范围的空间变化，还可以实现由BPU至流域和省、区域的输入数据和输出结果的汇总。

为评价缺水和红线对经济的影响，共设计了六种政策情景（见表4-1）。"一切照旧"的情景，主要基于从基准年2014年开始到2030年共45年的历史气候数据系列。使用长期数据对于天气和河流的随机实现非常重要。基线情况考虑了外生因素，如人口增长、城市化和技术变革。到2030年，中国的总人口预计将达到14.1亿，城镇化率预计接近68%。总生产力增长是参照各行业的历史GDP增长率来确定的。在"一切照旧"情景中，灌溉效率和用水强度增长率取保守值，年增长率是满足"三条红线"目标所需的一半，而被污染水体的百分比到2030年保持不变。因此，在水资源利用效率中等增长的情况下，水需求的主要驱动因素是人口和经济增长。下表4-1包括了六种情景的详细情况。

表4-1

情景 （英文缩写）	背景	情景特征	备注
"一切照旧" （BAU）	中国的人均水资源约为2039立方米。在正常年份，中国的缺水额超过500亿立方米（世界银行，2017）。此外，2015不适于饮用的水量占总水量的11.7%	BAU情景假定到2030年用水效率中等增长（年增长率为达到满足红线要求增长率的50%），且严重污染（即低于五类水质量标准）河道的长度保持不变	从目前到2030年中国将面临日趋严重的缺水挑战。污染物扩散并污染其他淡水资源，进而进一步加剧水短缺
总用水限额 （REDTWUC）	中国2015年总用水量为6100亿立方米。红线限定的用水量为7000亿立方米。总用水量红线分解到省和地区级	除了应用了国家和省级"总用水量红线"外，所有其他参数如同BAU情景	执行红线控制对全国和区域的影响将增强
工业用水强度红线 （REDIWUI）	全国的每万元工业GDP用水量从2000年的283立方米降低到2015年的75立方米，年均降低8.5%	除了2030年每万元工业GDP用水量目标40立方米以外，所有其他参数如同BAU情景	执行工业用水强度红线对区域的影响将增强
灌溉效率红线 （REDIE）	2015年中国灌溉用水约占全部用水量的63%，灌溉用水效率系数为0.53	除了满足"灌溉用水效率红线"要求的2030年灌溉效率达到0.6目标值外，所有其他参数如同BAU情景	执行灌溉效率红线控制对全国和区域的影响将增强
地表水污染红线 （REDSWP）	红线要求到2030年超过95%的重要水功能区水质达标	除了生活用水和其他生产用水100%达标外，所有其他参数如同BAU情景	水质红线标准包括一系列参数。到2030年，七个主要流域75%的水质满足一至三类水水质要求。京津冀走廊、长江三角洲和珠江三角洲100%达到饮用水标准
所有红线 （REDALL）	综合上述各种情景	模型中应用上述所有红线要求	"所有红线"情境构成了BAU情景的反事实状况

1.4 结论和建议

上述模型突出了资源性缺水和水资源供需差距带来的挑战。在"一切照旧"情景下，从国家层面计算，预计到2030年将出现590亿立方米的缺口。如果仅执行总用水量上限红线，则该缺口将扩大到1620亿立方米。在干燥的北部和西北部地区缺水预计将更为严重。然而，相对较为潮湿的东部和中南部地区也面临着未来的缺水挑战，因为用水需求（主要是工业

用水）会逐渐超过可供水量（见图4-2）。虽然因为用水效率提高，工业取水率保持了相对稳定，但生活用水估计会每年增长约2.5%，这主要是快速城镇化的结果。这些快速增长的需求成本很高：城镇化率每增加2%，农业供水量将减少1%。

改善用水效率对于抵消实施总用水量限制的影响至关重要。为了最大限度地降低水资源短缺和相关的经济成本，取水控制需要与提高用水效率和减少污染相结合，因为后两者会间

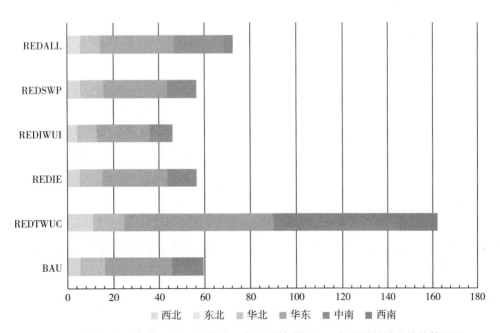

图4-2 对"一切照旧"、单一红线和三条红线情景下2030年区域性缺水的估算结果

接增加供水量。与"一切照旧"情景相比，工业用水效率和灌溉效率的结果提升将显著改善缺水情况。相对而言，提高工业用水效率比改进灌溉效率的经济效益要高。如果缺少持续配套的改善用水效率的激励措施，总用水量上限对国家和区域经济都将产生重大的负面影响。特别是，中国东部、中南部和西南部地区的水资源短缺将急剧增加，对东部地区GDP的累积负面影响估计高达近5%，对西南部为0.5%，中南部为0.8%。

在省级和下级行政区域层面可进行总用水量控制交易（与传统的排放上限和交易很类似），从而促进基于市场的水资源再分配。将这些交易和水污染交易机制产生的改进联系起来，还有助于缩小关键领域的供需差距，在东部和中南部地区尤其如此。虽然水污染控制的积极经济影响较小，而且水质改善的影响很大程度上是局部的，但也需要考虑改善生态产生的许多无形收益。调水和其他措施也可用于增加供水，但这些措施更加需要有创新的体制和治理方案，以促进解决跨界问题

的考虑和实施经济政策的管理。

总体来说，"三条红线"政策的实施看来是一项有效的水管理政策，不会大幅度减少国民经济增长。红线政策对国民经济的影响有限，主要原因在于水资源短缺的影响多是局部性的。但是，CGE模型中有几个重要的假设。例如，该模型允许区域内作物生产的要素流动，以及从区域作物生产到国家级的非作物和非农业活动的劳动力转移。实际上，这些要素尚不能在各区域之间自由流动，因此可能造成对水资源红线政策对国家宏观经济影响估计程度不足，这些假设对模型结果的影响尚需进一步检验。

中国的水资源红线政策措施对区域经济的相对影响要大得多。因此，未来的政策措施需要针对区域和/或省级情况进行适应性调整，以取得最优效果。这些政策措施对不同行业产生的影响也呈现了差异。根据模型预测，对于西北地区灌溉用水和作物产量来说，红线政策造成的影响很大；而东部、中南部和西南部地区的城市化和工业化驱动导致

用水需水增长，总用水量上限的实施将导致这些地区水资源短缺急剧加重和经济损失的大幅增加。水资源利用强度较高的工业部门受影响最大，如机械设备、金属、化学和非金属生产等。要提高这些情景分析结果的置信度，并更好地完善政策干预措施，需要开展补充研究工作、进一步的开发模型及细化行业划分。尽管如此，这些分析结果对于"三条红线"相关水资源政策措施的经济影响已经提供了深入

而有价值的见解，可以为中国未来发展的政治决策过程提供参考。

＿＿＿＿＿＿

（陈志钢，国际食物政策研究所（IFPRI）中国项目主任、高级研究员，浙江大学中国农业发展研究院院长；张玉梅，中国农业科学院农业经济与发展研究所副研究员；朱廷举，浙江大学伊利诺伊大学厄巴纳香槟校区联合学院长聘副教授，国际食物政策研究所长聘研究员）

专题报告五
新时期最严格水资源管理制度和
江河流域水量分配工作再审视

王建华　何　凡

1.1　背景与必要性

为解决中国日益复杂的水资源问题，实现水资源高效利用和有效保护，在系统总结中国水资源管理实践经验的基础上，2011年中央一号文件和中央水利工作会议明确要求实行最严格水资源管理制度，确立水资源开发利用控制、用水效率控制和水功能区限制纳污"三条红线"，从制度上推动经济社会发展与水资源水环境承载能力相适应。针对中央关于水资源管理的战略决策，2012年国务院发布了《关于实行最严格水资源管理制度的意见》，标志着最严格水资源管理

制度的全面建立。

从近几年最严格水资源管理制度的实施情况来看，仍然不同程度地存在制度顶层设计和地方实践操作的磨合问题，其中既有不同来水条件下年度用水总量折算等技术性问题；还有地区用水总量控制和流域用水总量控制的关系协调等制度性问题；也有各项考核指标监测能力建设等操作性问题。这些问题直接反映在"三条红线"和流域水量分配的合理性、可操作性和有效性上。因此，本专题围绕"三条红线"和流域水量分配的合理性、可操作性和有效性，从不同视

角进行审视和分析，并结合中国水资源管理的总体发展趋势提出改进建议。

1.2　研究目标

本专题旨在从不同的视角研讨实施最严格水资源管理制度过程中发现的问题，并提出相应的解决办法，供决策者参考。主要研究任务包括：①梳理最严格水资源管理制度和水量分配总体进展；②评估"三条红线"和水量分配的合理性、可操作性和有效性；③提出改进"三条红线"和流域水量分配的建议。

1.3　分析总结

1.3.1　最严格水资源管理制度实施总体情况

总体来看，中国各级行政区已全面确立水资源管理"三条红线"，基本建立"四项制度"，最严格水资源管理制度得到有效落实。

一是制度体系不断完善。"三条红线"四项考核指标以及阶段性管理目标，已分解落实至省、市、县级行政区，各地相继出台落实最严格水资源管理制度的配套文件100余件，水资源消耗总量和强度双控行动、全民节水行动、建立全国水资源承载能力监测预警机制等正在稳步推进；考核工作机制逐步健全，部门联动作用充分发挥，各地建立了由政府主要负责人负总责、各部门协同参与的考核工作机制；考核问责机制逐步形成，大部分省（自治区、直辖市）将水资源相关考核结果纳入地方党政领导班子考核评价体系。二是资源管理控制目标全面完成。2016年，全国31个省（自治区、直辖市）用水总量6040.2亿立方米，全国万元工业增加值用水量由2010年的90立方米下降到72.3立方米（2000年不变价），农田灌溉水有效利用系数由2010年的0.50提高到0.542。重要江河湖泊水功能区水质达标率达到73.4%。三是各地结合自身特点探索形成具有地方特色的水资源管理制度。例如山东划定黄、橙、红警戒线，发挥警戒线在保障城乡供水安全和水生态安全的预警作用，河北省采取水资源费改税方式，将地表水和地下水纳入征税范围。

总体来看，中国各级行政区已全面确立水资源管理"三条红线"，基本建立"四项制度"，最严格水资源管理制度得到有效落实。但中国水资源管理制度仍面临两个层面的问题或者挑战，一是最严格水资源管理制度在实施过程中仍然存在监测计量管理基础薄弱、红线指标约束性不平衡等问题，二是当前中国水资源管理正面临全新的要求和形势，例如新时期治水方针的确立，河长制等重大制度的实施，尤其是党的十九大报告为生态文明建设指明了新的方向，要求中国的水资源管理制度必须不断完善和深入推进。

1.3.2 江河流域水量分配工作总体进展

自20世纪80年代开始，国家先后对水资源短缺、用水矛盾较为突出的黄河、黑河、滦河、漳河、永定河、大凌河进行了水量分配，对于规范江河水资源开发秩序，加强水资源管理，推进水资源保护发挥了重要作用。但总体上，中国跨省重要江河流域水量分配工作进度还较为滞后，难以适应新形势下加强水资源管理需要。根据《中华人民共和国水法》《中共中央 国务院关于加快水利改革发展的决定》（中发〔2011〕1号），水利部从2011年起，全面启动了全国跨省江河流域水量分配工作。

2014年8月，第一批25条江河流域水量分配方案全部完成技术审查。2015年3月，水利部就嫩江、淮河、汉江等17条达成一致意见的江河流域水量分配方案，陆续征求各省区人民政府意见。2016年10月，经国务院授权，水利部正式批复了长江流域第一批跨省主要江河流域水量分配方案，标志着中国流域水量分配工作迈入了一个新的历史阶段。

1.3.3　关于最严格水资源管理制度的建议

面向规范化、精细化、常态化的发展方向，对进一步推进最严格水资源管理制度提出如下建议。

1.3.3.1　协同推进最严格水资源管理制度与河长制

河长制和最严格水资源管理制度目标一致，但河长制侧重于管理体制的整体构建，最严格水资源管理制度则更多侧重于管理目标的设立和管理任务的安排。两项制度各有组织体系、管理办法和实施途径，如何在操作层面能更好地相互协调、相互促进仍需进一步探索。提出如下建议：一是地方党委和政府要将实施河长制和落实最严格水资源制度的工作进行统一安排部署和考核，尤其要考虑将用水效率控制红线纳入进来；二是将最严格水资源管理制度相关考核指标，如用水总量、万元GDP用水量、水功能区达标率、重要水功能区污染物总量减排量等分解至各级河长；三是建立统一的考核指标和工作制度，对实施河长制和落实最严格水资源制度进行统一考核。

1.3.3.2　加快推进水资源领域修法立法工作

当前中国水资源管理正面临全新的要求和形势，尤其是节水、水资源保护等工作的法律保障仍然不足，需要系统梳理现行水资源领域法律体系，统一部署安排修法立法工作。一是分别出台以实施最严格水资源管理制度、推进节水型社会建设、理顺地下水管理体制、规范地热资源开发过程中水资源保护为导向的《水资源管理条例》《节约用水条例》《地下水管理条例》《地热资源管理条例》等重要法律法规。二是进一步完善《水法》，增补《水法》在水质保护方面的内容，提高《水法》法律地位，逐步形成综合性水法，在此基础上制定相应实施细则和配套规章制度。三是制定流域水资源保护基本法，给予流域水资源开发利用和保护通用性的原则与规定；开展各流域专门立法，如黄河流域应以水量控制和水土流失防治为重点，长江流域应以水污染防治和生态保护为重点。四是推进水资源保护的刑事责任立法。借鉴国际经验，对严重违反水资源保护的行为运用刑法手段加以威慑。可在破坏资源环境保护罪基础上增设水资源方面的具体犯罪，如非法取水罪、水环境污染罪、破坏水利设施罪等。

1.3.3.3　增设水生态保护控制红线

中国实行最严格水资源管理制度的目标和任务已具备进一步提升的条件和基础。有必要在现有三条红线基础上，增设水生态保护控制红线。鉴于水生态系统的复杂性和内涵的多样性，同时还要考虑到地方执行的可操作性，建议在"河湖健康指数"这一指标的基础上，以生态流量和生物多样性为核心，对其余内容进行适当精简优化，作为水生态保护红线的控制指标。各县级以上行政区结合自身条件，提出开展健康评价的河湖名录，初期可以全国重要江河湖泊水功能区为基础，适当补充区域内其他具备重要生态功能的河湖水系。在此基

础上，分阶段分步骤地推进辖区内重点河湖的健康评价工作，逐年提出开展评价的河湖数量、各河湖健康指数的目标，以区域内开展评价的河湖健康指数平均值作为年度和阶段的控制目标。为推进以河湖健康为主要目标的水生态保护控制红线落地实施，一要在现有《河流（湖泊）健康评估指标、标准与方法》基础上，进一步编制《河湖健康评价导则》，形成标准化和规范化的评价程序和技术方法；二要全面加强浮游、底栖、底泥、水生动植物等生态监测能力和水平，加强人员配备和技术培训，形成较为完善的中国水生态监测网络体系；三要进一步加强水生态保护的理念和意识宣传，发挥社会和公众的监督评价作用，促进人水和谐的价值观深入人心；四要在制度设计、经费保障等方面进一步强化对于河湖健康评价工作的支持力度。

1.3.3.4　强化流域管理机构水资源水环境水生态的监督管理职能

流域是陆地水循环的基本单元，

流域水资源具有整体性，上下游、左右岸关系密切。因此，实行流域水资源统一管理，才能更好地发挥水资源综合效益。随着全国和各大流域水资源综合规划制定、跨省江河流域水量分配等工作不断推进，流域水资源统一管理的技术基础正逐步具备。当前，中国水资源管理还存在流域管理与行政区域管理事权划分不清、执行不到位等问题。一要巩固和完善现行水资源管理体制，确立流域管理机构的流域代言人、统筹人和协调人作用，尤其要强化流域机构监管职责，明确监管内容，加强监督检查。可将用水总量、水功能区达标率、重要水功能区污染物总量减排量分解至各流域（责任人为各级河长），建立流域水资源管理考评体系，作为实施最严格水资源制度考核的基础，充分发挥流域机构在实施最严格水资源制度考核的作用。二要构建多部门参与的新型流域管理机构，统一协调各部门与地区在相关涉水管理中的规划、标准和政策制定等重大问题。与此同时，各大流域可以根据各自特点探索相适应的水资源、水环境管理体制，探索

建立不同的跨部门、跨省区协调机制，如成立由中央有关部门和流域各主要省区政府代表参加的流域水资源与水环境保护委员会或建立流域水污染防治联席会议制度，强化水资源保护与水污染防治的协调。具体可将信息共享作为建立协商机制的切入点。三是健全法律法规，推进流域立法，在法律层面保障流域机构与地方水行政主管部门责、权、利的统一。可设立流域水事专门法庭，负责开庭审理各类侵权、违法、渎职行为和水事纠纷，建立流域管理执法队伍，加强流域水资源的法治管理。

1.3.3.5　完善体现地区重点的差别化水资源管理与考核体系

中国地域辽阔，各地区水资源的自然条件、水资源开发利用现状、水利建设特色、经济结构、城市规模与类型、社会经济发展阶段存在明显差异。这些特征决定了中国水资源管理应当针对不同地区的自然条件、社会经济特点，形成各具特色的管理模式。建议出台分区实施最严格水资源

管理制度指导意见，因地制宜规范不同地区水资源管理。具体而言：一要建立健全差别化考核体系，进一步针对不同地区特点设计考核指标和权重，如北方缺水地区开展以节水为主体的考核，提高用水总量、用水效率、地下水控制等指标权重，增设河流生态流量等指标，甚至可将总量控制指标设定为刚性约束，而南方丰水地区则可保持一定弹性。二是实行差别化财政支持政策，如在粮食产区，财政资金对节水灌溉应给予更多支持；而在高附加值经济作物产区，对节水灌溉的财政补贴要比粮食产区小一些。

1.3.3.6 夯实水资源精细管理的基础支撑能力

任何制度的实施都需要强有力的保障体系的支持，尤其对于最严格水资源管理制度这类涉及顶层设计层面的制度创新，更加需要不断提升基础支撑能力。近年来，水利部开展了全国水资源监控能力建设项目（一期和二期），初步完成了全国范围内主要用水户水量和重要水功能区水质监控、统计分析，建成中央、省和市三级水资源综合管理平台。但相对于开展精细化水资源管理需求，基础支撑能力仍显薄弱。强化水资源管理基础支撑能力，首先要转变以修渠筑坝才是水利工程建设的传统观念，应将水资源监测系统建设、水资源管理信息化等能力建设纳入其中，甚至作为今后水利工程建设重点，加大推进力度。具体而言，一要健全重点用水户、省界断面和重要控制断面、水功能区三大监控体系，进一步提高用水计量和监控能力。加强省界断面水质水量监测，完善省界断面站点布设和监测体系，逐步实现断面下泄流量远程实时监控。二要推动基层水资源管理能力提升，开展基层水资源管理规范化建设，明确机构职能、权利义务和人员编制，做好经费、技术和装备保障，开展基层水资源管理培训，提升基层管理人员专业技术水平。三是推动水资源领域的科技创新，针对实施最严格水资源管理制度的基础问题、关键技术、核心工艺和重要设备，集中攻关，形成适合中国国情水情的科技支撑体系。

1.3.4　关于江河流域水量分配工作的建议

1.3.4.1　建立水量分配方案实施后评估及修正机制

水量分配方案的组织实施是否有效，分配目标是否实现，都有待于后期的水量调度实践来进行检验。尤其对于黄河流域这类水资源量、供水条件、经济社会发展发生重大变化的流域，其水量分配方案有必要适时进行调整。为总结分水管理的经验，进一步提高水资源管理水平，建议结合水量调度实践，开展水量分配方案实施后评价工作。研究提出适合的水量分配后评估方法，从水量分配方案实施的目标、实施效果、制度建设及措施落实情况三个方面构建水量分配后评估指标体系，科学评估水量分配的执行效果，及时发现和解决水量分配方案实施过程中存在的问题，并在此基础上提出改进可供水量计算方法、水量分配方案协商机制与组织实施程序等方面的措施建议。明确水量分配方案修正组织程序，根据水量分配后评估情况，及时修订和完善水量分配方案。

1.3.4.2　以水量调度为抓手落实流域水量分配方案

水利工程合理调度是落实水量分配方案的重要手段。一是要建立由流域机构和相关省水行政主管部门代表参加的水量调度联席会议制度，研究解决流域水量调度工作中的重大情况和问题。二是制定水量调度方案、年度水量分配方案和调度计划以及旱情紧急情况下的水量调度预案。编制水量调度方案应遵循分级管理、分级负责的原则，实行用水总量控制和主要断面下泄水量控制。按照"动态调整"的原则，根据每年水资源情势的中长期预估，科学制定年度水量分配方案。三是是加强水文测报工作，建立先进的水文自动测报和预警系统，科学预测年度来水量，为水量调度工作提供技术支撑。四是完善现有水资源调度法律法规体系，确保水资源调度工作有法可依；建立健全行业、地方水资源调度规章制度，使日常调度工作有章可循；依托现有行政体系，建立专门的水资源调度组织机构，负责水资源日常调度工作。

1.3.4.3　将流域水量分配工作纳入用水总量控制红线管理体系

将落实水量分配方案作为用水总量控制的一项重要工作。流域内批准的总取水量不得超过本流域水资源可利用量，行政区域内批准取水的总水量不得超过流域管理机构或者上一级水行政主管部门下达的可供本行政区域取用的水量。取水许可管理部门根据流域和区域年度水量分配方案和各地来水的实际情况，向取水户下达用水计划，保障合理用水，抑制不合理需求。审批下达的年度取水计划中的用水总量不得超过年度水量分配方案分配给相关地区的水量份额。加强监督管理和绩效考核，有关省人民政府应将水量分配方案确定的总量指标层层分解，将落实用水总量控制指标、水量分配方案和年度调度计划纳入最

严格水资源管理制度考核体系，实行行政首长负责制。

1.3.4.4　探索建立流域分配水量交易机制

为充分利用市场的配置作用实现水资源高效利用，建议结合中国正在推进的水权制度构建工作，探索建立流域分配水量交易机制。允许地方在年度分配水量额度未用满的情况下，以市场交易的方式向同流域其他地区进行转让。可由双方在水量调度年开始前，签订转让协议，并报流域管理机构批准。水量调度年结束后，按实际取用水量进行结算。需说明该交易不涉及水资源所有权，只是使用权的短期交易。

1.4　结论与建议

作为中国水资源管理体制机制的重大创新，最严格水资源管理制度正式实施以来，不仅在各地水治理实

践层面得到全面执行，资源管理控制目标全面实现，制度本身也在不断完善。与此同时，新形势下中国水资源管理制度仍然面临诸多挑战，还存在流域统一管理亟待加强、地区差异性体现尚不充分、监测计量管理基础仍十分薄弱等问题。为进一步完善中国最严格水资源管理制度，建议协同推进最严格水资源管理制度与河长制，加快推进水资源领域修法立法工作，增设水生态保护控制红线，强化流域管理机构水资源水环境水生态的监督管理职能，完善体现地区重点的差别化水资源管理与考核体系，夯实水资源精细管理的基础支撑能力。此外，建议通过建立水量分配方案实施后评估及修正机制等措施不断推进江河流域水量分配工作。

1.5　致谢

感谢世界银行对本专题的资助，感谢国务院发展研究中心对本专题的支持，感谢在本专题研究过程中，谷树忠研究员以及国内外各位专家对本专题的指导！

———————

（王建华，中国水利水电科学研究院副院长、教授级高级工程师；何凡，中国水利水电科学研究院水资源研究所教授级高级工程师）

专题报告六
水权确权及交易

李　晶

1.1　背景与必要性

水资源管理是中国水治理不可或缺的组成部分。中国水资源总量约2.8万亿立方米，占世界的第六位，但人均水资源量为世界人均占有量的1/4，排名百位之后，被列为世界上人均水资源贫乏的国家之一。同时，水资源时空分布不均，与生产力布局的匹配也不相适应。随着经济社会的快速发展，人口增长和人民生活水平的不断提高以及生态与环境友好发展的迫切需要，水资源供需矛盾越来越突出，已经成为经济社会发展的瓶颈。水权制度是利用市场机制优化配置水资源、节约和保护水资源、提高水资源利用效率和效益的有效途径，加快推进水权水市场建设已经成为事关经济社会持续健康发展和生态文明建设的一项重大而紧迫的任务。水权水市场建设涉及中国水资源管理体制机制改革，并影响和推动中国水治理体制机制的不断完善。

进入21世纪以来，中国开展了一系列水权理论研究和实践探索，取得了一批研究成果和经验做法。在有关水权的基本内涵、水权确权、交易、监管以及制度建设等方面都取得了很多进展。总体上看，水资源供需矛盾突出的地方对水权交易探索的积极性比较高，但水权确权、计量监测等基础支撑条件尚不完善，很多理论和观念尚未取得共识，法律依据尚有不足，中国水权水市场建设仍然处于探索之中。

国家在全面深化改革的过程中，对水权制度建设高度重视，多次对水权改革进行高位部署。2011年中央一号文件《关于加快水利改革和发展的决定》中明确提出"建立和完善国家水权制度，充分运用市场机制优化配置水资源"。2012年，十八大报告中提出"积极开展水权交易试点"。2013年十八届三中全会《全面深化改革若干重大问题的决定》中明确提出推行水权交易制度。2014年习总书记提出要充分利用水权水价水市场优化配置水资源，让政府和市场"两只手"相辅相成、相得益彰，"要推动建立水权制度，明确水权归属，培育水权交易市场，但也要防止农业、生态和居民生活用水被挤占。"2015年10月十八届五中全会通过的《国民经济和社会发展"十三五"规划建议》，对建立用水权初始分配制度提出了要求。《生态文明体制改革总体方案》提出探索建立水权制度以来，中国再次掀起水权水市场探索热潮。

水利部2015年在全国启动了七个地区的水权试点工作；全国农业水价综合改革80个试点县在改革过程中都将明晰农业用水的水权作为水价改革的基础和前提；河北、山西、新疆、浙江等一些地方也都在本省开展了水权试点；中国水权交易所于2016年6月28日挂牌正式营业。至此，中国水权制度的探索进入了崭新的发展阶段。继续深入开展水权确权及交易研究，对于进一步加快中国水权制度建设，深化水资源管理体制机制改革，提升水治理能力具有十分重要的现实意义。

1.2 研究目标

分析中国水权确权及交易的现实需求，总结水权确权和交易试点做法与经验，分析预测中国水权交易所发展前景，提出改进水权确权和交易的政策建议，为推进水权水市场建设进程提供对策支撑。

1.3　问题与分析

1.3.1　水权确权及交易的现实需求

1.3.1.1　经济社会：工农业用水需要水权确权及交易

一是缺水地区保证农业灌溉需要确认水权。包括保证合法在册耕地有水灌溉和农业水价综合改革需要以确认水权为前提。二是缺水地区工业发展用水需要转换水权。在很多资源性缺水地区，不搞水权转让，已经难以发展工业。三是丰水地区新增用水需要盘活存量水权。随着中国最严格水资源管理制度的实施，将从机制上倒逼一些区域和取用水户通过水权交易来满足新增用水需求。

1.3.1.2　生态：建设生态文明需要保障生态水权

一是保证生态用水需要明晰生态水权，包括明确维持江河湖泊的最小流量，以及维护动植物物种等生态环境健康延续的用水量及水质等，并明确生态水权的主体及监管责任。二是保护生态环境需要回购水权。三是建立生态补偿机制需要明晰区域生态水权。

1.3.1.3　政府：提升水治理能力需要放开末端水权

一是让市场在水资源微观配置即末端水权的分配上起决定性作用，有助于进一步提高水资源的配置效率和效益。二是在水权微观配置引入市场机制时，主要针对经营性用水。如果经营性用水的微观配置还需要政府来决定，将大大降低行政效率，并且容易给权力寻租和产生腐败创造机会。

1.3.1.4　社会公众：提高节水动力需要水权驱动

水权确权及交易能给水权持有者带来经济利益，促进人们在水资源开发利用活动中建立合理开发、高效利用和节约保护的内在动力机制，从而对水资源的节约使用起到内生动力的作用。

1.3.2 水权确权及交易的基础条件与问题困难

1.3.2.1 水权确权的基础条件与问题困难

水权确权需要具备多方面条件，基础条件包括五方面，见表6-1。

水权确权的问题困难。一是中国水权产权体系尚不完善，现行法律规定的相关权能尚不完整，水资源使用权的确权主体法无明确规定。二是水资源配置尚不完善，江河水量分配尚未完成，行业用水配置不够明确，现状取水许可水量可否作为水权确权的水量存在争议，经营性用水的微观配置仍以行政配置为主等。三是计量和监测设施不完善。四是确权费用支出大，地方财力有限，并且计量监测设施需要大量的运行维护以及日常管理费用。五是公众对水权确权认识不足，参与度不高等。

1.3.2.2 水权交易的基础条件与问题困难

水权交易同样需要具备多方面条件，基础条件包括五方面，见表6-2。

表6-1		水权确权的基础条件
序号	基础条件	主要内容
1	法制条件	水权性质、确权主体、客体、对象、程序等要素法定
2	行政条件	完成水资源宏观和中观配置、健全管理制度和风险防控手段
3	技术条件	计量和监测设施完善
4	经济条件	明确确权费用和计量监测设施建维能力
5	社会条件	树立维权意识、公众参与和社会监督机制

表6-2		水权交易的基础条件
序	基础条件	主要内容
1	法制条件	有确权、有可交易水权
2	行政条件	有制度、有监管
3	技术条件	有中介平台、有计量和监测
4	经济条件	有买水需求和能力、有合理的定价机制
5	社会条件	有认识、有参与、有社会监督机制

水权交易的问题困难。一是水权确权并未作为水权交易的前置条件，区域可交易水权的期限法律依据有限，可转让的取水权与可交易水权存在差异，灌区可交易水权存在争议，灌溉用水户或用水组织的可交易水权目前法无明确规定。二是取水许可制度和水权交易制度两种制度并行影响水权购买意愿，水权交易制度不完善等。三是水资源计量、监测能力不足，灌区交易节约的水资源，生态环境是否受影响，如果受影响如何维护。四是水权交易平台分散且不规范，中介服务不完善，公众参与度不高等。

1.3.3　中国水权确权、交易试点的做法与经验教训

1.3.3.1　水权确权的做法

水权确权的做法。2014年，水利部在全国确定了七个水权试点，其中宁夏、甘肃、江西、湖北省宜都市进行了水权确权探索。这些试点地区水权确权大体上都经历了前期准备工作、水权确权登记工作、制度建设三个阶段，具体做法各有特色。2014年，水利部联合发展改革委、财政部、农业部四部委在全国选择80个县开展了农业水价综合改革试点工作。2015年，开展了试点总结验收工作。在试点过程中，全部通过颁发水权证或正式文件的形式明确农业初始水权。将水权确权作为水价改革的前提，即水权与水价挂钩。其中，39个县将农业水权分配至灌溉农户，41个县分配到灌溉用水组织。其他一些地方在水权试点中也开展了水权确权，如河北、山东、浙江省东苕溪流域、山西省清徐县等，基本做法主要包括总量控制、定额管理、确权到户、制度建设等。

1.3.3.2　水权交易的做法

水权交易的做法。在水权试点中，都把水权交易作为重点任务。内蒙古自治区开展了跨盟市、跨行业水权交易，主要做法：设立水权收储转让中心；融资兴建灌区节水工程；处置闲置取用水指标；开展跨盟市转让水权；在中国水权交易所挂牌交易；

制定水权交易管理办法等。河南省开展了南水北调中线区域间水权交易，主要做法：界定区域初始水权；测算可交易水量；促成区域间水量交易；建立水权交易动态调整机制，合理确定水权交易价格与期限；出台管理办法规范区域水量交易等。广东省开展了东江流域上下游水权交易，主要做法：开展区域水量分配；分类核定取水许可水量；建立水权交易信息化管理体系；建立水权交易规则。开展三种形式的水权交易，一是转让农业节余水量满足生活用水需求；二是通过灌区节水改造，向电力实业公司转让用水指标；三是通过向省政府购买政府预留水量，满足本市珠江三角洲水资源配置工程的用水需求。江西省开展了山口岩水库跨流域水权交易，主要做法：交易主体为政府或政府机构，芦溪县政府每年从山口岩水库调剂出6205万立方米水量转让给安源区、萍乡经济技术开发区，使用期限25年，交易总价255万元。山东省开展了农业水权交易，出台水权交易规范性文件，开展初始水权分配，设立水权交易管理服务机构，实行"一卡两价一

平台"。新疆昌吉州开展了农业节余水量交易，首先向集体和农户全面发放农业用水初始水权使用证，明确水权交易仅限于农业用水节余水量，有明确的交易条件限制和程序规定，高价回购农户初始水权份内节余水量，明确各级监督管理机构及职责等。

1.3.3.3　水权确权及交易的经验教训

①法律依据是水权确权及交易能否持久的根本保障，权利体系不完整将给水权确权和交易埋下隐患；②水权确权及交易需要具备软件硬件双重保障，软件包括建立水权确权管理办法、用途管制、权利保护制度等。硬件包括保证供水和排水的工程设施、计量监测设施、信息管理系统等；③水权确权及交易必须处理好与相关制度的衔接。包括最严格水资源管理制度、取水许可制度、水量分配制度等；④农业灌溉水权确权必须坚持"水随田走"，将水权与地权相衔接，并与水价相关联。⑤水权确权必须做好大量的前期准备工作。包括用水现状调查摸底，用水总量指标逐级

分配，用水定额的科学核定、灌溉面积的确定等；⑥明晰初始水权有利于培育水权买卖双方；⑦农业节水是水权交易的主要来源，水权收储是扩大水权供给的有效途径，政府回购是促进农业节水的重要手段。

1.3.3.4 水权确权及交易的成功因素

推动水权确权及交易成功的内因是经济社会发展的用水需求及其利益趋动；外因是最严格水资源管理制度的实施，用水总量有了天花板的限制。从方法论看，水权确权及交易试点成功的因素还包括政府高位推动、部门协调配合、政策文件引领、打好前期基础等。

1.3.4 试行中的水权交易所发展前景预测

1.3.4.1 中国水权交易平台概况

中国水权交易所经国务院同意，由水利部和北京市政府联合发起设立了中国水权交易所，于2016年6月28日在北京正式开业。中国水权交易所是一家股份有限公司，注册资本6亿元人民币，出资人共12家。其业务范围是组织引导符合条件的用水户开展经水行政主管部门认可的水权交易，以及开展交易咨询、技术评价、信息发布、中介服务、公共服务等配套服务。中国已经建立的省级水权交易平台并不多，内蒙古、河南、甘肃、广东、山东等地在这方面进行了有益探索。一是成立省级水权交易平台，与中国水权交易所合作。最具代表性的是内蒙古自治区水权收储交易中心有限公司。二是利用本省公共资源交易平台，如广东省。三是在中国水权交易所设立本地水权交易大厅，如甘肃省拟在中国水权交易所的平台上开设疏勒河流域水权交易网上大厅。四是拟成立本省水权交易服务机构，作为中国水权交易所会员。如山东省拟依托水利发展集团公司成立山东省水权交易管理公司，作为中国水权交易所的会员。中国县级及其以下水权试点中建立的交易平台数量较多，如新疆昌吉州所属7个县全部建立了水权交易中心，通过政府建立了30个水权收储交易平台。

1.3.4.2 对中国水权交易所发展前景的预测

中国水权交易所发展受多种因素影响，主要有用水形势走向、水权交易发展趋势、信息技术实现程度、政策导向、法制保障、体制改革、经营服务能力等。综合分析这些因素，结合中国全面深化改革时间表，对中国水权交易所发展前景作出如下预测。

总体上看，近期发展比较平稳，中远期变数较多，既有机遇，也有挑战。详见表6-3。

表6-3　　　　　　　　　　　中国水权交易所发展前景预测

发展时期	发展条件	发展预测
近期	主要靠行政推动、试点促成	比较平稳
中远期	国家规定所有的水资源交易必须进入中国水权交易所进行	前景看好
	国家规定所有的公共资源进入统一交易平台进行交易，包括水资源，中国水权交易所将面临合并的可能，或者作为全国公共资源交易平台的分支机构	前景较好
	国家对水权交易不作出明确规定，维持现状，行政撮合的力度可能会逐步降低，靠市场主体自主进场交易，按照市场规律运作	面临挑战

1.4 结论与建议

1.4.1 结论

中国水权制度建设取得明显进展，处于探索阶段，有较大的发展空间。

（1）水权确权及交易在中国有着显著的现实需求。水权确权不仅是水权交易的前提，更是缺水地区保证农业灌溉用水权和确定水价的前提；最严格水资源管理制度的施行，使得水权确权及交易不仅是缺水地区工业化和城市化发展的需要，也是丰水地区新增用水盘活存量水权的有效途径；同时，开展水权确权及交易有利于保障生态用水，提升政府水治理能力，增强社会公众节水动力。

（2）水权确权及交易需要在法制、行政、经济、技术、社会五方面具备基础条件。包括明确水权性质和确权要素、有确权并有可交易水权等；完成水资源宏观和中观配置、健全管理制度和风险防控手段、有效监督管理等；具有确权费用和计量监测设施建维能力、存在买水需求和能力、具有合理定价机制等；具有计量监测手段、中介服务等；有维权意识，建立健全公众参与和社会监督机制等。

（3）中国水权确权及交易探索遇到明显问题与困难。一是顶层设计不足，水权产权体系尚不完善，现行法律规定的相关权能尚不完整；水权确权制度与取水权许可制度的衔接遇到了困难，水权交易制度不完善；二是基础工作不足，江河水量分配尚未完成，计量和监测设施不完善，水权交易平台分散且不规范，中介服务不完善；水权确权费用及计量监测设施建设和运行维护费用大，地方财力不足；对水权确权及交易的认识不足，公众参与度不高等。

（4）各类水权确权及交易试点积累了丰富经验。水权确权及交易需要具备软件硬件双重保障，同时必须处理好与相关制度的衔接。主要包括以下几个方面：水权确权必须做好大量的前期准备工作，农业灌溉水权确权必须坚持"水随田走"；明晰初始水权有利于培育水权买卖双方；农业节水是水权交易的主要来源，水权收储是扩大水权供给的有效途径，政府回购节余水量是促进农业节水的重要手段；各类水权交易平台的整合与衔接仍需深入探索等。

（5）中国水权交易所发展近期平稳，中远期机遇和挑战并存。中国水权交易市场是准市场，且处于发展初期。未来3～5年内，是中国全面深化改革关键时期，各类试点正在进行时，这个时期水权交易主要靠行政推动、试点促成，进所交易状况比较好。到2020年，中国全面深化改革要在重点领域和关键环节取得决定性成果。按照这个时间表，考虑改革难度和改革后的过渡期，从现在起按5～10年计算，即2022～2027年以后，市场体系更加完善，水交所的发展主要取决于国家对公共资源交易市场的统一力度，机遇和挑战并存。

1.4.2 建议

（1）打牢水权确权及交易的基础。一要完成区域水资源分配，包括总量控制和江河水量分配；二要完善行业用水配置，特别要重视生态用水；三要完善水利工程设施，加强河湖管理；四要完善水资源计量与监测设施。

（2）加快水法规制修订工作。国家层面：开展水法规的修订工作，修订《水法》和460号令等。地方层面：鼓励地方开展水法规制修订工作。

（3）完善水资源管理制度。水权改革归根结底是对水资源管理制度的改革。建议加快改革现有水资源管理制度中不适应水权改革需要的内容，如改革取水许可制度等。

（4）创新水资源配置方式。进一步划清政府与市场的职责和作用，转变工作方式，大幅度减少政府及其水行政主管部门在经营性用水的微观配置环节中的直接配置。

（5）健全水权确权及交易制度。包括水量分配协调机制、水权保护制度、水资源用途管制制度和水资源公益诉讼制度、水市场监管机制、中介服务机制、社会监督和公众参与机制等。

（6）深化水权理论研究。总结发现水权确权及交易的发展规律，深入开展水权理论及相关理论的研究等。

（7）提高全社会对水权制度的认识。向领导宣传，统一认识。要在各级政府及其水行政主管部门达成共识，真正转变观念，切实将思想认识统一到使市场在水资源微观配置中起决定性作用上来。向社会广泛宣传，加强引导参与等。

1.5 致谢

本专题研究过程中，得到了水利部水资源司、水利部发展研究中心的大力支持，得到了有关专家的指导和相关试点地区的配合，在此一并表示感谢。

（李晶，水利部发展研究中心原副主任、研究员）

专题报告七
涉水投资成本效益分析（CBA）的最佳做法

Mark Radin

1.1　背景和理念

过去50年，由于意识到水资源短缺可能会对经济增长和社会发展造成限制，中国对水资源管理和基础设施建设进行了巨额且影响重大的投资，建成了河堤近300000公里，水库87000多座，库容7000多亿立方米。截至2000年，中国共建成了大坝约85000座，其中22000座是大型水坝，几乎占全球所有大型水坝的一半（Fuggle等，2000）。虽然这些大坝造福了不同的社区，但在公共事业中是否发挥了最优化效用尚不得而知。中国93%以上农村居民现在可以享受到改善的水源；水电装机容量超过17万兆瓦；

在灌溉基础设施方面的重大发展使中国能够仅用占全世界总量为9%的耕地和6%的水资源养活世界21%的人口。

中国在防洪和洪水管理方面进行了大量投资，以增强对人员、经济资产的保护，并维持环境功能。中国全部的流域都建立了防洪设施，保护了5亿多人口和约4700万公顷的土地。由于这些投资，因洪水而导致的年均死亡人数从20世纪50年代的9000人左右减少到21世纪初的1500人左右。这些成绩的取得离不开20世纪90年代到21世纪初，中国防洪基础设施方面的投资，其总额增加了四倍以上。更主要的原因是，这些做法形成了加强整个防洪系统的综合投资，包括基础设施、早期预警系统以及紧密协调的洪水响应机制，涵盖中央、流域、省、市和县各级的灾害响应指挥部。

这些防洪成就是通过大量的公共投资实现的，包括1991年至2010年期间投入的2000多亿美元[①]。中国中央政府仍在继续对水资源管理投入大量资金。仅在2011年，政府就拨出3800亿元用于污水处理治理和水质监测。尽管取得了这些重大成就，中国在水量和水质方面仍面临着严峻挑战。

由于投资决策日趋复杂，需要依靠一整套相关工具辅助决策过程。随着发展不断推进，项目规划和项目经济也越来越多地受到不同方面可持续性的影响，包括金融、环境、经济、社会和政治等，并需要综合考虑公平程度、公众参与和治理方式，权衡环境影响。如此复杂的情况意味着有必要进行更加深入的分析和论证，确定项目因果链中的每一步。这就需

要进行多标准考虑，其中关键是要利用经济分析来促进对上述新增问题进行分析，同时保持经济可行性的基本功能。许多国家都立法要求使用成本效益分析来确保大规模投资符合特定的标准，这些标准通常与投资效率有关。

成本效益分析是评估投资决策的系列分析工具之一，用来评价投资项目引发的福利变化，从而评价投资项目对特定政策目标做出的贡献。它是用来系统评估特定项目或政策对全社会影响的一种客观方法。该方法对每个替代项目方案均进行综合评估，综合其对重要社会财产的所有正面和负面影响，而不仅仅是近期或直接的影响，或仅仅是财务影响或只是对某个群体的影响。而后对这些方案尽可能全面地进行比较，得出收益和损失的货币价值。这种方法来源于福利经济学理论。如国家借贷和偿还资金用于特定项目，而项目的成本超过收益时，国家的生活水平就会下降。

---

① 其中不包括在省一级的供水管网和排污系统的投资，或住房和城乡建设部进行的投资。

许多国家的政府已将成本效益分析纳入涉水投资的规划和决策过程，目的是促进资源的更有效分配，论证某种特定的干预措施相对其他可能的替代方案的社会合理性。成本效益分析的目标是向最终决策者提供尽可能多的信息，以便其充分了解情况并进行决策。该方法提供了一个客观的框架，来权衡不同的影响及发生在不同时期的影响。为实现客观性，该方法将所有影响转化为美元现值权衡。即使不可能量化全部影响，成本效益分析仍然可以有助于提供明确的决策框架。

1.2　目的

本研究报告的目的是，向政策制定者就成本效益分析提供国际最佳做法及其原则的背景信息，而这些原则是为了用于指导选择确定项目方案、项目标准、项目受益人和决策标准。

1.3　问题/分析概述

成本效益分析将与项目相关的所有主要效益和所有成本货币化，使其可以直接进行相互比较，并将项目建议与其他替代方案进行比较。进行涉水投资分析应该首先明确该投资需要解决的挑战或问题[①]，同时还需要记录基准条件，并对未来的情形做出预测。这对于将可选项目方案与未采取措施的基准条件进行比较是必不可少的。对于因历史排放已经恶化的纳污环境来说，记录基准条件过程通常较复杂。在这样的情况下，如果不采取补救措施，基准情况的恶化可能会继续增加环境成本。

成本效益分析被普遍认为是最全面的经济分析方法，主要需要以下步

---

① 本报告主要侧重于规划过程和事前的成本效益分析，但也可以进行其他类型的项目成本效益分析。中期成本效益分析或事后成本效益分析可以帮助政策制定者停止或扩展项目，或者评估之前的项目是否取得了预期的成效，及最初是否应该决定开始项目实施，这也有助于改进之后的成本效益分析。事后成本效益分析的一个复杂性在于，很难将项目或政策与反事实情形比较，即与项目或政策从未发生或实施过的情形相比较。

骤：①明确问题；②选择替代方案；③明确各利益相关方；④确定成本和效益；⑤依据时间推移量化收益和成本的价值；⑥计算净现值；⑦比较效益和成本；⑧对不确定性进行敏感性测试；⑨考虑公平性和无形资产。上述各步骤均经常会受到外部影响或重大未知因素的影响。可能对影响成本效益分析的机制包括对利益或成本标准设定限制，或限制在成本效益分析中用于评估的替代方案。不过，在成本效益分析中，这些问题可以通过建立一个定义明确、规划过程兼收并蓄且包罗万象的一套总体原则来解决。从根本上来说，当涉及多个利益相关方时，如果决策过程透明，成本效益分析方法是最值得依赖，最能够发挥作用的。

成本效益分析需要项目寿命周期（或若干年）的数据，以货币形式表示的年度项目收益和成本价值，以及贴现率。分析覆盖的时间期限应该足够长，以反映所有潜在的成本和收益，并且不应假定每年都将重复某一年份的净收益。尽管成本和收益的长期预测存在不确定性，但许多环境问题都值得使用更长的时间跨度来进行分析。明确清晰地考虑和论证假设，并根据假设进行预测，将有助于改善实施规划，发现需要改进之处并进行完善分析。

甄别各利益相关群体很重要，需要对他们的收益和成本进行分析。一旦各项成本和收益被确定和量化，就应根据一个共同的标准来衡量，使其可以叠加和比较。分析中应考虑项目的成本和效益计算过程中的内在风险。最后，应将各利益相关方的效益和成本汇总，并利用贴现率折算到一个共同的时间段，以确定投资是否能够改善社会福利。这些过程错综复杂，并且会影响分析的结果。

既然成本效益分析的目的是衡量社会福利，就应该用总经济价值（TEV）的概念指导分析人员对成本效益分析中任何变化的成本和收益进行计算。这对于分析对环境产生影响的项目或政策尤其重要。成本效益分析以人为本，依靠人类的价值评估来计算成本和收益。在2005年的"千年生态系统评估"中列举了有助于区分人类重视程度的环境资产和服务，包括四种主要生态系统服务：

- 供给性服务，即直接为消费或生产用途提供物质资源，包括饮用水、灌溉、水电、食品或其他物品，如药品；

- 调节性服务，是指维护全球和局地条件，如水的过滤、碳封存或洪水时的自然保护，这些服务维持了人类的居住环境；

- 文化服务，与体验活动有关，包括从旅游、文化习俗、学习、娱乐中的收益，及涉及其他心理或情感需求的收益；

- 支持性服务，即维持生态系统循环和存续所需的生态过程和功能。

当分析人员使用这种方法评估受影响的生态系统时，更容易甄别哪些特定资产和服务可能受到建议项目的影响。对于涉水投资项目，下列服务尤其相关：①水质；②营养物调控；③洪水和干旱缓解；④供水；⑤水生和河岸生境；⑥维护生物多样性；⑦碳储存；⑧食品和农产品；⑨原材料；⑩运输；⑪公众安全；⑫发电；⑬娱乐；⑭美学；⑮教育和文化价值。虽然其中一些产品和服务很容易货币化或量化其价值，但另一些则不然。成本效益分析应该包括所有物品和服务的价值，无论是否在用，并且要透明地确定任何无法量化的指标。

许多涉水投资的产品和服务没有在市场上交易，因而很难估价。估算这些产品和服务的价值主要有三种方法：①显示性偏好方法，根据现有市场数据来确定人们如何对非市场产品估值；②陈述性偏好方法，通过调查来衡量各特定人群对不同的非市场产品和服务的估值；③收益转移估值方法，使用某个群体已有的的价值评价数据来假定另一个群体的估值。对于减少极端事件（如洪水）的项目，基于成本或降低成本的估算方式会是有益的办法。然而，未使用福利通常需要使用显示性或陈述性偏好方法来量化社会对这些产品的估值。涉水投资项目通常会涉及在使用和未使用的产品和服务，使得成本效益分析复杂化。

上述三种方法得出的是不确定的估值。由于对复杂的生态系统如何应对污染或其他损害的了解还不充分，环境项目的估值研究也受到影响，使得量化收益极其困难。另一个重要的批评意见是，这些方法只适用于那些人们体验过或了解他们在相对市场中选择的生态系统服务的影响，比如在哪里购买财产或打发娱乐时间（Börger等，2014）。这种局限性造成的问题会越来越大。因为随着技术的进步，基础设施项目可能会涉及那些人们不太了解的生态系统，比如深海。的确，许多偏远的水生生态系统可能提供重要但不可见的服务。而从前进行的海洋生态系统价值测量工作更加侧重于野生生物的价值，如海豚或海龟（Börger等，2014）。

成本效益分析涉及将不同个人的成本和收益相加，而不明确地涉及公平性或这些个人之间的成本和收益分配。然而，决策者在决定是否实施一个项目时，通常希望同时考虑到项目的受益者和受损者（以及受益和受损的程度）。在大多数情况下，使用分布式关联矩阵解决这一问题效果最好。该矩阵可表现因项目或计划而受益或受损的群体或公众的身份，以及预期收益和损失的大小。在少数特殊情况下，如根据政府的既定政策具有明确合理性时，分析人士可对归于特定群体的成本和收益附加不同的权重。但任何这样的权重及其依据都应该进行明确说明。此外，还应该提供完全未加权的分析结果。

将未来价值转换为现值的比率称为贴现率。贴现率用来将收益和成本转换为统一时间段的价值。标准的经济分析将社会贴现率与项目所在国家的长期增长前景联系起来。这是因为未来的收益和成本应该按照它们对福利的边际贡献来衡量，而该边际贡献将会降低，经济增长越高，则未来项目受益人就会变得更富一些。然而，这对涉水投资来说是很困难的，因为环境影响往往是长期的，甚至超出基础设施项目的预期寿命。贴现率代表了当今消费价值与未来消费价值之间的复杂关系。对于某一国家来说，较高（较低）增长前景通常意味着贴现率较高（较低）。环境产品和服务的贴现率是现在的人们对未来这些服务的价值的估计。另外，有一些人认为，一成不变的贴现率并不能充分反映随时间的推移人们对收益的估值，因而主张采用递减贴现率，给长期收益以更大的权重。无论选择何种社会贴现率，进行敏感性分析都是一种很好的做法，可以计算出项目在不同的贴现率下的净现值。

采用客观的方式应用成本效益分析的结果，这对于充分把握情况后制定决策至关重要。帕累托效应的概念是，项目或政策至少应使一个人的状况变好且不造成其他任何人的状况变坏才能被采纳。然而，解释成本效益分析结果的更常见的方法是卡尔多.希克斯法，该方法认为即当经济效益大

于经济成本时，项目就是可接受的。这种方法基于的假设条件是：项目中获益方在对受损方进行完全补偿之后，其状态还能得到改善。

1.4　结论和建议

持续增长的水需求，以及随之而来的水稀缺问题、不确定性增多、极端条件增多和分散管理的挑战等，对基础设施投资提出了越来越复杂的要求，同时还需要加强机构建设和改善信息管理。为了应对这些相互交织关联的挑战，各国需要不断改进水资源管理和相关服务，以加强水安全保障。

由于社会价值的复杂性和不断的变化，不可能得出综合全面的效益货币价值，或者这样做的成本高得让人望而却步。因此，围绕水资源管理和开发的决策需要越来越多地依据采用不同度量单位的多个目标。多重准则分析（MCA）法允许决策者考虑包括

社会、环境、技术、经济和财务标准在内的一系列标准。该方法在单一准则方法（如成本–收益分析）不适用的情况下尤其有帮助，特别是在重要的环境和社会影响无法被赋予货币价值的情况下。

成本效益分析是一种重要的分析工具，它通过评价投资项目引起的福利变化及其对特定目标做出的贡献，为投资决策提供经济标准信息。成本效益分析将与项目相关的所有主要效益和所有成本货币化，使其可以直接相互比较，并将项目建议与其合理的替代方案进行比较。为强化未来使用多标准框架决策水资源项目投资，基于国际最佳做法，提出以下具体措施建议。

一是中国要建立一整套涉水投资优先识别标准体系，以指导投资决策和成本效益分析。这个体系既可以包括可量化标准，也可以包括不可量化标准，如公平性、具体的环境标准或目标，或是项目方法等。

二是将成本效益分析或对成本和

收益进行评价的要求纳入立法或监管框架，并提供遵守这一要求的指导。这将有助于确保规划人员将成本和收益纳入他们的规划过程，并考虑社会效益，而不仅仅是特定人群的收益。

三是将项目规划和评估过程标准化，以帮助确保透明度，并鼓励在成本和效益评估方面的合作。将环境评估与成本效益分析结合起来，可以在可行性研究即考虑不同替代方案的环境成本和收益。

四是支持对涉水基础设施项目的环境影响进行更多的学术研究，进而支持对不同生态系统服务的局地价值估算。这些做法可以改进规划过程，并降低成本效益分析的成本。

最后，是将定性分析纳入确定项目受益人和替代方案选择。使用这种定性分析方法可以帮助改善分析结果。另外还可以帮助分析人员甄别成本效益分析的利益相关群体。

专栏7-1　中国项目成本效益分析中的生态系统服务估值

Lei等人在其2011年进行的成本效益分析中采用生态系统服务评估方法，对山东省一个项目的效用变化进行了测算。该项目是南水北调工程的一部分，目的是恢复南四湖沿岸湿地，以改善水质。这一评估方法有助于确定哪些农田应该"在南西湖流域湿地恢复中被转变为湿地……选择优先退耕恢复的农田区域和确定生态系统服务的补偿金额"（Lei等，2011年，第788页）。

为了恢复湿地，政府向农民支付费用，将他们的农田转变成湿地，以减少污染和恢复生态系统。一旦农民登记退耕后，这个项目就会在第一年按该农民前一年农田收入的100%给予其补偿，在第二年补偿60%，从第三年开始不再补偿。

山东省环保局收集了待恢复为湿地的农田数据，并收集了逐个地块的具体数据，包括种植的作物、杀虫剂使用量以及经济回报等信息。这些数据帮助分析人员将农田划分为低产量、正常产量，农田和菜园等类别，以估算农民的经济回报。

南四湖提供了娱乐和旅游的收益。该研究使用了威山统计局的数据，估算了恢复湿地的旅游价值。此外，分析人员还考虑了湿地改善水质能力的价值。

分析发现，该项目有显著的经济回报，但保持正常生产量的农田和菜园的农民由于只得到了两年的补偿，状况并没有改善。

分析表明，社会有必要继续向这些农民进行补偿，使他们继续参与该湿地恢复项目。进而产生显著的效益：

对于上游地区，湿地恢复后每年的机会成本将是1.88亿元，包括降低生物质的价值和增加旅游收入。而对于下游地区，湿地的恢复将使水净化的成本降低11.4亿元，是上游机会成本的6倍。此外，在湿地恢复之后，每公顷湿地每年将有可能增加当地游客收入，多年平均价值为每年4877元人民币（Lei等，2011，第795页）。

专栏7-2　　　　谁应该进行成本效益分析

决定谁应该为一个新项目进行成本效益分析是一个两难问题，因为分析所需的两个属性特质，熟悉情况和客观公正，不太可能在同一组人中找到。那些最熟悉项目的人通常也是要推荐推进项目的人；他们可能不会足够客观地对成本和效益进行公正的评估。

有些人建议由借款国开展本国项目的成本效益分析。但其客观性仍是一个关键的问题，因为借款国和世界银行两方都在推荐项目。这项建议可能会转变为委托借款国内的一个独立机构来进行成本效益分析。如果有这样的一个机构在有效运作，由项目推荐人聘用的咨询顾问不一定能解决客观性的问题，因为他们要确保下一个咨询合同而存在相关利益冲突。

另一个问题是，如果将成本效益分析委托给某单个团队开展究竟能否确保客观性？对此，可拿法律体系进行类比。进行客观的判决并不是基于控方或辩方是客观的这一假定，真相将会在两方的辩论中呈现。

开发机构建立问责制度通常基于这样的假设：那些接近项目的人会提供客观的信息。一些发展机构由独立部门监督，如世界银行，但这些独立部门只在项目结束后才评价项目并为项目评级。若有独立的声音在实施项目的决策做出之前监督成本效益分析和监测评价计划的质量，则可加强问责制。

（Mark Radin，北卡罗来纳大学教堂山分校教授）

专题报告八
水价、水税、水费政策及其实施

钟玉秀　付　健　李培蕾

1.1　背景与必要性

中国水资源短缺、水污染恶化、水生态受损等问题交织叠加，对水安全和生态文明造成了很大的影响。水价作为调节水资源开发利用的重要经济杠杆，在促进资源节约和环境保护方面作用和效果明显。中国各地政府依法制订水价，有关部门收缴水费、水资源费、污水处理费、排污费等，并按规定用途使用，促进了水资源的节约和保护以及生态环境的改善。但目前水价机制和水安全治理市场机制尚不完善。首先，合理的水价形成机制尚未建立，水价标准偏低，水价结构不合理，水资源费的比重明显偏低，有些地方污水处理费没有纳入供水水价构成中，水价为供水单位提供水费收入、弥补资源环境成本和促进用户产生节水激励等基本功能实现效果不佳。其次，水价管理体制和制度尚不完善。水价管理部门分割严重；用户参与水价制定和调整不够；水费计收方式不科学；水价监审制度需要完善；水费收缴、使用和管理不规范，尤其是水资源费、污水处理费、排污费征收与使用管理存在制度缺陷。再次，供水价格体系不完善，各类水源水价比价关系和差价关系不合理；对供水单位的税费征收缺乏科学考虑等。

本项目旨在对中国水价、水税、水费政策及其实施进行研究，提出水价、水资源费、污水处理费及水税改革建议和构建中国特色水安全治理市场机制的政策建议，为完善相关政策法规及制度提供决策支撑。

1.2　研究目标

以科学发展观为指导，在水安全治理目标框架下，突出水资源的经济属性，坚持基本供水服务的公益性、基础性，以建立合理的水价形成机制和构建中国特色水安全治理市场机制为核心，研究提出中国水价、水税、水费政策及其实施建议，充分发挥价格机制对水资源配置、节约和保护及生态环境改善的促进作用。

1.3　问题分析与总结

1.3.1　中国涉水"价值形式"分析

水资源价值分析。水资源包含水量和水质两个方面，是人类生产、生活及生存不可替代的自然资源和环境资源，是在一定的经济技术条件下能够为社会直接利用或待利用，参与自然界水分循环，影响国民经济的淡水资源。对水资源的价值的分析主要是根据西方的效用价值论、马克思的劳动价值论、生态价值论等几种价格理论。目前将效用价值论和劳动价值论结合起来的新的价值体系正在发展中，逐步得到大家的认可。

水资源的经济属性分析。中国宪法和水法明确规定水资源归国家所有。所有权的实现，是市场经济必然的结果。作为商品，水资源就具有经济属性，具体表现在水资源有绝对地租、级差地租，可转化水资源资产，具有价格和价值流。

主要经济手段。中国主要的经济手段包括价格、税收、行政事业性收费、经营性收费。就水资源利用管理而言，主要经济手段可从水价、水费、水税而言，中国水价包括水利工程供水价格、城市供水价格；水费分行政事业性收费和经营性收费，属于行政事业性收费的水费包括水资源费、污水处理费、非居民用水超计划（定额）加价费，后者就是按照水价缴纳的自来水水费、农业水费等；水税不是一个税种，而是关于水管理领域所有税收的综合叫法，包括水资源税。

几种常见的涉水"价值"形式。中国常见的涉水"价值"形式主要包括水价、水资源费、污水处理费、排污费、水资源税等。

1.3.2 中国水价、水税、水费的发展历程

1.3.2.1 水价的发展历程

水利工程供水价格实现了从公益性供水到商品水价格的转变，水费的核定、计收和管理实现了法定化，合理水价形成机制从提出到逐步形成，水利工程供水定价成本监审制度确立，水价制度更加科学化。城市供水价格经历了从单一定价到分类定价、综合水价的转变，分类定价逐渐科学化，逐渐建立了供水价格体系，水价制度更加科学，完成了从成本与价格调查、价格

审批制度向水价监审制度的转变。

1.3.2.2 水费和水税的发展历程

水资源费从无到有、征收管理制度不断完善，征收管理越来越严格，未来可能向水资源税转变。污水处理费起点低、发展很快，但目前总体水平仍然偏低。排污费征收起步早，管理手段成熟，即将向环保税转变。水资源税处于探索阶段。中国在河北省开展水资源税改革试点。

1.3.3 中国水价、水税、水费现状与未来发展趋势

1.3.3.1 水价的现状与未来发展趋势

（1）水价现行政策。国家层面包括《水法》《价格法》《农田水利条例》等法律法规，《水利工程供水价格管理办法》《城市供水价格管理办法》等管理办法，以及《国务院办公厅关于推进水价改革促进节约用水保护水资源的通知》《发展改革委住

房城乡建设部关于做好城市供水价格管理工作有关问题的通知》《国务院办公厅关于推进农业水价综合改革的意见》等文件。地方层面也出台了相应的文件，明确了水利工程供水价格、城市供水价格、农业水价、再生水价格等的管理体制、定价原则、水价构成、水费计收和使用管理等内容。

（2）水价现状。水利工程供水水价现状。水利工程供水实行分类定价。水利工程供水价格按供水对象分为农业用水价格和非农业用水价格，在实际运行中，水利工程供农业用水价格通常是指斗渠口以上的价格，不考虑末级渠系水价。一些地区已在探索区别粮食作物、经济作物、养殖业等用水类型，实行分类水价。

城市供水价格现状。目前分为城市居民用水、非居民用水和特种行业用水。特种行业用水价格高于非居民用水价格，高于居民用水价格。绝大部分城市已经实行阶梯式居民用水价格制度。少数城市实行了非居民用水超定额累进加价制度。

农业水价现状。农业水价就是用户的终端水价，包括水利工程水价（斗渠以上）和末级渠系水价两部分。2009年盐环定扬黄干渠水价由宁夏回族自治区发改委及物价局核定为0.157元/立方米，最终用户收取水价为0.1735元/立方米。四川省、广东省、浙江省部分地区免征农业水费。宁夏部分地区农业水价实行分档水价。

再生水价格现状。截至2010年，全国共有北京、天津等18个省（自治区、直辖市）的37个城市（县）制定了再生水价格，共收缴再生水水费2.49亿元。

（3）水价未来发展趋势。水利工程供水价格的发展趋势。一是分类制定水利工程供水价格。二是对不同类型的水利供水工程实行不同的价格管理。三是采取"工业反哺农业"，提高工业水价补偿部分农业用水成本。

城市供水价格未来发展趋势。一是分类制定水价。二是继续建立完善城镇居民用水阶梯价格制度。三是继续推行非居民用水超定额用水加价制度。四是严格履行水价调整程序。

农业水价的发展趋势。一是水费直接收到村组或户。二是实行定额内用水优惠、超定额累进加价。三是根据作物类型的不同实行分类水价。四是建立农业用水精准补贴。五是建立节水奖励机制。

再生水水价的发展趋势。一是再生水价格按照补偿成本、合理收益、优质优价、公平负担、用途引导的原则核定，并根据再生水供水成本费用及市场供求情况及时调整。再生水用户价格应当低于自来水水价。二是政府对再生水生产企业应进行补贴。三是再生水价格分类定价。四是合理确定再生水与自来水的比价关系。五是逐步建立再生水与自来水的价格联动机制。

1.3.3.2 水资源费、水资源税的现状及发展趋势

水资源费现状。《水法》奠定了水资源费的法律地位。《取水许可和水资源费征收管理条例》《关于水资源费征收标准有关问题的通知》也对水资源费管理进行了规定。各地出台了水资源费征收管理的办法，目前全国31个省（自治区、直辖市）都开征了水资源费。

水资源税。目前正处于试点期间。自2016年7月1日试点正式启动以来，河北省已累计征收水资源税7.16亿元，较2015年同期水资源费增收1倍。

水资源费的发展趋势。一是定价机制更加科学合理。二是水资源费标准将提高。三是推广阶梯式价格制度或累进加价制度。四是费改税目前正在试点阶段，未来将全面推进。

1.3.3.3 污水处理费、排污费的现状及发展趋势

污水处理费现状。《城镇排水与污水处理条例》明确规定，排水单位和个人应当按照国家有关规定缴纳污水处理费。《关于制定和调整污水处理收费标准等有关问题的通知》《污水处理费征收使用管理办法》对污水处理收费有关标准、征收、使用和管

理进行了规定。全国31个省会城市和5个计划单列市开征污水处理费，基本在2元以下。2012年底，36个大中城市居民生活用水污水处理费平均为0.81元，占终端水价比重达到29.5%；城市非居民用水污水处理费平均为1.13元，占终端水价比重达到27.8%。

排污费政策现状。《排污费征收使用管理条例》和《排污费征收标准管理办法》规定直接向环境排放污染物的单位和个体工商户（以下简称排污者）应当依照规定缴纳排污费。

未来发展趋势。一是将建立健全污水处理费征收标准体系。二是要增加收取的覆盖范围。三是取消排污费，征收环保税。

1.3.4　水价、水资源费、污水处理费的效果、问题与缺陷分析

1.3.4.1　水价的调节作用和效果、问题与缺陷

（1）水价的调节作用和效果。

一是促进公众树立"商品水"意识，为节水提供了有效的经济杠杆。二是提高了用水效率，促进了节约用水。三是促进了水资源的优化配置。四是保障了民生用水和基础性用水。五是再生水价格低于自来水价格，提高了企业的经济效益。六是水利工程水费为水管单位提供了重要的维修养护经费来源，有利于保障灌区管理单位良性运行；农业终端水价改革从根本上解决了末级渠系管养维护难的问题。

（2）水价形成机制和水价管理等方面存在的问题。水利工程供水价格方面。一是水利工程供水价格远低于供水成本。二是水利工程供农业用水价格普遍较低。三是农业水价计价方式单一，按亩计收水费仍然是大部分灌区采取的主要收费方式，计量收费方式没有得到普及。四是两部制水价和超定额用水加价只在极少数灌区农业供水中试行。

城市水价方面。一是城市水价总体水平仍偏低。二是不同供水价格比价关系还不够合理。三是水价形成机制还

不够完善。四是计量设施尚不完善。

农业水价方面。一是农业灌溉水价整体水平偏低。二是农业灌溉水价远低于成本水价。三是农业水费实收率低。

再生水价格方面。一是再生水与自来水没有形成合理的价差。二是缺乏再生水水价的定价政策。三是没有明确的定价依据。四是没有形成明确的定价程序。五是没有形成分质供水、分质定价的再生水价格体系。

（3）现行水价及体系在满足水治理目标要求方面存在的缺陷。一是目前水利工程供水价格低，水利工程维修养护资金严重不足，工程设施老化失修严重。二是地下水价格与地表水价格的比价不合理，地下水使用成本过低，难以遏制地下水超采现象。三是再生水等非常规水源供水价格与常规水源价格之间没有形成合理的价差，再生水等非常规水源替代作用效果没有充分发挥。四是农业水价低、灌溉采用按面积计量，农民节水积极性不高，造成水资源短缺和浪费现象并存。

1.3.4.2　水资源费的调节作用和效果、问题与缺陷

水资源费的调节作用和效果。一是初步实现了水资源有偿使用。二是促进了节约用水。三是提供水资源开发利用保护的资金。

水资源费在征收标准、管理体制等方面存在的问题。一是征收标准整体偏低，缺乏统一的计算方法。二是水资源费实际征收率较低。三是水资源费管理不到位。四是大部分地区未对水资源费实行累进加价。五是水资源税改革刚刚起步。

水资源费制度在满足水治理目标要求方面存在的缺陷。一是不能很好地体现水资源的稀缺性。二是对节约用水的调节作用有限。三是提供的水资源开发利用保护资金不足。

1.3.4.3　污水处理费、排污费的调节作用和效果、问题与缺陷

污水处理费、排污费的作用和效果。一是减少了污染物排放。二是促

进了资源的再生利用。

污水处理费在定价、征收、使用、管理等方面存在的问题。一是污水处理费标准不统一且偏低。二是没有形成不同污染程度污水的处理价差。三是污水处理费征收不到位。四是污水处理费的管理不到位。

现行污水处理费和排污费制度在满足水治理目标要求方面存在的缺陷。一是不能很好地反映污染者付费。二是减少污染排放和促进水资源循环利用的作用不足。三是无法满足扩大污水处理设施覆盖范围和促进污染防治的资金需求。

1.4　结论与建议

1.4.1　相关建议

水价、水资源费、污水处理费及水税改革方面

（1）深化农业水价综合改革。积极完善农业水价形成机制，科学核定农业供水成本，建立政府和农民对农业水价分担机制，推动落实灌排工程运行维护费财政补助政策，并推进定额内用水实行优惠水价、超定额用水累进加价。加大农业供水计量设施建设支持力度，推行"计量供水、核算到户、收费到户、开票到户"的农业水费计收体制。

积极推进非农业用水价格改革，加大水利工程非农业供水价格调整力度，尽快达到补偿成本、合理盈利水平。

（2）深化城市供水价格改革。一是全面落实城市供水价格分类改革。限期完成将城市供水价格简化为居民生活用水、非居民生活用水和特种用水三类，实现商业用水与工业用水同价。二是调整水价要与改革水价计价方式相结合，所有城镇应当创造条件实施水价改革，拓展水价上调空间。三是完善居民生活用水阶梯式水价制度，合理确定不同级别的水量基数和比价，减少水价调整对低收入家庭的影响。四是加快完善并推进非居民用水

超计划（定额）累进加价制度。

（3）完善水资源有偿使用和制度，健全水资源费、污水处理费征收制度和使用管理制度。一是提高水资源费征收标准并严格征收使用管理。要逐步提高自备水源单位的水资源费征收标准，严格水资源费征收使用管理，确保应收尽收，确保专款专用。二是再生水免征水资源费，大力推进再生水利用，增强其对常规水源的替代作用。三是要将污水处理费的征收标准尽快提高到保本微利的水平。

（4）推进水资源税改革。及时总结河北省水资源税试点经验和不足，逐步扩大省级试点范围，制定全国推行水资源税改革计划。

（5）完善对供水单位的税费政策。对再生水供水单位实行税费减免扶持政策，如对再生水供水企业免征增值税，企业所得税"三免三减半"等，支持再生水开发利用。

1.4.2 构建中国特色水治理市场机制的政策建议

1.4.2.1 深化水价改革，完善水价制度和价格体系

一是建立合理的水价形成机制，反映水资源供求关系的变化。二是对常规水源和非常规水源统筹开发利用，尤其是建立鼓励使用再生水替代自然水源和自来水的价格机制，政府对再生水生产提供补贴，再生水价格应按照低于自来水价格确定，理顺再生水价格与自来水价格的比价关系，鼓励再生水的使用。三是针对不同城市的特点，实行季节性水价，以缓解城市供水的季节性矛盾。四是提高地下水供水价格，促进地下水资源保护。五是建立健全促进节水减排的水价制度。

1.4.2.2 加强成本约束，提高用水效率

一是建立动态水价形成机制和审价制度，加强对企业运行成本和相关费用的监审，促进供水和治水成本合理化。二是完善供水价格监控机制，

测算区域水利工程供水社会平均成本，适时修订供水工程供水生产成本费用核算管理规定。三是建立供水行业平均成本统计与核算制度，引入市场竞争机制，促使供水成本的降低。

1.4.2.3　统筹协调水价改革与其他改革

一是规范水费使用管理，鼓励用水户对供水单位的水费收支进行监督。二是对供水要确定合理的投资回报率和企业净资产利润率。三是深化水利工程管理体制改革。

1.4.2.4　加强相关法制建设

尽快修订《水利工程供水价格管理办法》，完善水价制度，实行定额优惠水价、超定额累进加价制度，探索非农业供水价格实行阶梯式水价等科学制度，建立"以工补农、以城带乡"水价机制。将《城市供水价格管理办法》改为《城镇供水价格管理办法》；尽快制定《农村供水价格管理办法》，规范农村水厂供水价格；尽快制定水利工程维修养护经费使用管理办法，规范维修养护经费的使用管理。

1.5　致谢

本项研究得到了水利部有关司局、各地相关部门领导和专家的大力支持，提供很多最新数据和建议。许多专家对本项目提出了有益的建议，在此一并表示感谢！

（钟玉秀，水利部发展研究中心原处长、高级工程师；付健，水利部发展研究中心高级工程师；李培蕾，水利部发展研究中心高级工程师）

专题报告九
洪涝风险管理与洪涝保险

丁留谦　李　娜

1.1　背景与必要性

中国受季风气候和三级阶梯地形的影响，降水时空分布严重不均，并且社会经济在洪水威胁区高度集中，决定了洪涝灾害是中国最严重的自然灾害。自古以来，洪涝灾害就是中华民族的心腹之患。可以说中国的历史发端于治水，并惠泽于治水。

1949年以来，通过长期对长江、黄河、淮河、海河等多灾河流的重点治理以及持续不断的流域综合治理，洪涝灾害得到有效控制。中国大江大河的防洪工程体系目前基本上可以应对1949年以来出现过的最大洪水，确保了中国经济社会的稳定发展和国力

的持续增长。21世纪以来，受全球气候变暖与迅猛城镇化的交互影响，中国洪涝风险特性正在发生显著变化。随着经济社会的发展，对防洪安全保障的要求在不断提高，同时防洪保安的难度也在不断加大。

因此，迫切需要理清中国洪涝风险总体形势，分析洪涝风险管理中存在的问题与面临的挑战，加快建立洪涝风险管理制度，完善洪涝风险管理体制与运作机制，构建更为完善的洪涝综合防治体系，突出发挥洪涝保险等措施在洪泛区土地管理、洪涝风险分担与提高恢复重建能力中的作用，促进中国洪水风险管理的全面有效实施，支撑经济社会全面、协调与可持续发展。

1.2　研究目标与任务

本研究针对新形势下中国洪涝风险特征及防洪减灾薄弱环节，深入分析其成因，全面评述中国洪涝灾害总体形势与近期态势，评估洪涝灾害对中国水安全保障与社会经济持续平稳发展的影响，提出完善洪涝风险管理制度与推进洪涝保险等对策措施的建议。

研究任务主要包括五个方面：一是洪涝特征及其对社会、经济和环境等方面的影响。二是防洪的形势和挑战，包括中国洪涝灾害形势、防洪现状和防洪能力、存在的主要问题和面临的形势等。三是洪涝灾害评估，包括总体评估、典型区评估、成因分析。四是洪涝保险研究，包括中国洪涝保险现状及存在的问题等。五是制度建设建议，包括洪水风险管理制度、土地利用管理制度、防洪体系建设、应急管理和洪涝保险制度等。

1.3　问题/分析总结

1.3.1　中国防洪现状与防洪体系建设

1.3.1.1　中国洪涝灾害情况

中国濒临太平洋，受海陆环流、季风和热带气旋的影响，降水量自东南向西北总体递减，东部不同历时的最大暴雨接近世界纪录，七大江河中下游和沿海地区雨量丰沛，并且60%~80%的降雨集中在汛期4个月。同时，中国受洪水威胁的区域内，聚集了占全国约67%的人口、35%的耕地、90%的大中城市和80%的工农业总产值。洪涝灾害对人员安全和经济社会发展造成重大影响，中国是世界上洪涝灾害最严重的国家之一。

自古以来，洪涝灾害就是中华民族的心腹之患，治水对社会稳定和王朝兴衰举足轻重，治水不力往往导致社会动乱和政权更替。即使在现代，洪涝灾害对人类生命和社会发展的影响也同样严重。如1915年珠江大洪水，广州市水淹7天，死亡人数超过10万；1931年江淮洪水并涨，水灾直接死亡14.5万人，加之随后爆发的瘟疫与饥荒等次生灾害，因灾死亡人数高达40万。新中国成立后，随着大江大河防洪工程建设及防洪能力的不断提高，因洪涝死亡人数不断减少，2000～2016年因洪涝年均死亡1248人，其中因中小河流和山洪灾害年均死亡909人，占洪涝死亡人数的主要部分。随着经济的快速发展，洪水造成的经济损失呈加重趋势，20世纪50年代洪涝淹没损失为21.9万元/平方千米，到90年代上升为137.3万元/平方千米，增加了5倍多；损失组成结构也发生了显著变化，农业损失所占比重下降，工业、交通、电力、通信等损失比例则上升明显。20世纪以来，中国平均每年水灾造成的直接经济损失约占同期年均GDP的1.41%，遇大水年份，如1991年、1994年、1996年和1998年，洪涝灾害损失占GDP比例则高达3%～4%。

1.3.1.2　防洪体系建设情况

中国基本建成了以水库、堤防、蓄滞洪区、泵站等为主的洪、涝、潮防御工程体系。主要江河干流能够防御较大洪水，重点防洪保护区具备较高防洪标准。如长江上游干流及主要支流总体防洪标准达20年一遇以上，中下游可防御1954年洪水；黄河下游河段防洪标准达到1000年一遇，中游约40年一遇。超过半数的防洪城市防洪能力达到了国家标准，沿海主要城市如上海市防潮标准达到100～200年一遇；其他重要城市重点堤段防御标准达到50～100年一遇以上；其余大部分地区防潮标准仍不足20年一遇。

在工程体系完善的同时，积极推进防洪减灾非工程体系建设，提高防洪减灾的综合能力。颁布了《水法》《防洪法》等系列法规，在全国范围内构建有各级防汛指挥机构和专业化的防汛抢险队伍，建设了洪水监测预报和预警体系，编制了涵盖各级政府、各类型洪水的防汛应急预案，制定了主要江河的洪水防御方案，采用"拦、分、蓄、滞、泄"等综合措施，科学有效管理洪水。

1.3.2　防洪形势与挑战

1.3.2.1　防洪安全面临的形势与挑战

（1）全球气候变化。在全球气候变暖的大背景下，近100年来，整个地球的年平均气温上升了0.7℃~1℃，温升使蒸散加剧，大气持水及活跃度增强，导致极端降水事件频率和强度的增加，江河超标准洪水不确定性增加，中小河流山洪灾害风险增大，城市洪涝将更为频繁。全球平均气温的上升带来极冰融化，海平面上升，使沿海堤圩防御风暴潮能力下降，直接威胁沿海地区的防洪安全。

（2）新型城镇化与新型工业化。城市扩张和产业集聚，工厂及车辆排热、居民生活用能的释放、城市建筑结构及下垫面特性的综合影响使得城市"热岛效应"和"雨岛效应"日益明显，降雨量和降雨强度明显增高。城区房屋、道路、广场的建设使城市内不透水面积较以往大幅增加，城市降雨的下渗减少，地表径流总量增加，汇流时间变短，洪峰流量增高，峰现时间提前。

科技含量高、以信息化带动的新型工业化使得城市对生命线系统和信息化系统的依赖超过以往任何时候，城市遭受洪涝袭击时的影响范围远远超出受灾范围，间接损失超过直接损失几倍乃至十几倍。人口集中、城市扩张、产业集聚、生活方式变革等新态势，对防洪排涝提出了新要求，必须探索集约、智能、绿色、低碳的洪涝防治新方法，增加绿色基础设施，建设韧性城市。

（3）脱贫攻坚与全面建成小康社会。中国的贫困地区主要分布在中西部地区，特别是山区。山区突发降雨频繁，河道洪水陡涨陡落，流速快，破坏力强，预警和防御难度大，给广大山区的脱贫攻坚战带来了不利影响。脱贫成果很可能因为一场洪水而付之东流，因灾致贫、因灾返贫现象普遍。国家脱贫攻坚战略对洪涝防治提出了更高要求，必须抓紧补齐防洪排涝基础设施短板，减少洪涝灾害及其影响，保障脱贫成果，促进全面小康社会的建成。

1.3.2.2　洪涝灾害防治中的主要问题

（1）工程体系不完善、工程隐患多、维护管理问题突出。流域防洪骨干或重要配套工程尚未完全按规划要求建设；中小河流和山洪灾害防御标准和能力低，相当数量的河流处于不设防状态；部分城市防洪基础设施仍未达标，城市已有的排水除涝工程标准普遍偏低；已建工程、特别是一些中小水库和堤防工程病险隐患多、安全风险大，工程维护"重建轻管"现象长期存在，常规监测和安全评价的缺失导致工程病险隐患难以及时发现，长效维护管理机制有待建立。

（2）洪水风险管理制度的确立缺少法律依据。现行法律法规在洪水风险管理方面基本处于空白。因法规和监管缺位，项目开发建设无视洪水风险，侵占洪水高风险区，易导致严重的洪水灾害损失和人员伤亡。洪水风险区划、洪水风险区土地利用、洪水风险的公示、宣传和教育等工作未能有效开展。

（3）防洪区土地风险区划和利用管理急待加强。防洪区的土地利用管理不严，防洪规划与土地利用等其他相关专业规划衔接不紧，部分地区未按照相应的法规和规划进行土地开发利用。侵占河湖等人水争地现象严重，区域调蓄洪容积减小，洪水出路不畅，海绵城市建设尚处于起步阶段，海绵措施建设普遍不足，部分城市建设挤占河道的问题依然存在。

（4）洪涝应急管理的精细化水平和社会化减灾能力仍待提升。政府各级、各部门联动仍有不足；部分区域预案体系不健全，可操作性不强，监测、预报预警和调度的精准度有待提高；基层洪涝应急组织不健全，技术薄弱，防洪抢险能力不足；防洪管理部门对社会化减灾的引导和动员不到位，科普宣教方式单一，对象覆盖不全，公众防灾知识、意识和能力等有待提高。

（5）国家洪涝保险制度尚未建立，现有与洪涝保险有关的险种有待完善。中国尚未实施国家洪水保险制度，但自20世纪80年代起，中国已对洪水保险进行了多种形式的试点，但由于地方政府和群众对保险认识不足、保费征收困难、保险操作不规范等原因，试点后未能推广。中国现行的与洪涝灾害相关的保险有商业性的财产保险和政策性农业保险，洪涝灾害作为自然灾害之一均在其理赔范围之内，但不单独列项。因其保险费率与投保地区实际的洪水风险不挂钩，投保面主要集中在风险较高的区域中，一旦受灾，赔付风险大，保险公司积极性不高。

1.3.3 洪涝风险管理和保险制度建设对策建议

1.3.3.1 建立洪水风险管理制度

在深入细致把握洪水风险特性与演变趋向的基础上，将符合中国国情的洪水风险管理理念引入相关法规体系，通过修订《防洪法》等法规制度文件，促进洪水风险管理措施的落实，体现洪水风险管理方法，形成符合中国特点的洪水风险管理制度。进一步从法律和体制上明确相关部门的作用、职责和协调机制，进行机构改革，增强部门间的协调，加强能力建设。并且在相关法律法规执行过程中，杜绝有法不依，执法不严的现象，逐步形成稳定有序的资金保障，加强洪水风险管理的研究和技术支撑，培训公众洪灾意识。通过建立洪水风险管理制度，在保障生命安全的前提下，适度承受风险，求得防洪区土地利用与洪水资源化的最佳效益，支撑全面、协调、可持续的发展。

1.3.3.2 加强防洪区土地利用管理

限制洪泛区的土地开发，保证有效的行蓄洪空间。河道内禁止任何形式的开发；对于部分起行滞洪作用的洪泛区内的滩区，可以进行有限制的开发，但以不影响行洪能力为限；在未经防洪论证的情况下，禁止为了土地种植和开发而新建堤防。

合理利用蓄滞洪区土地，确保蓄滞洪区的蓄洪能力。蓄滞洪区的土地利用和建设必须符合防洪的要求。根据蓄滞洪区类型以及区内的风险分布，综合考虑启用频率、地形地貌特征、土地开发利用现状以及社会经济发展要求等因素，实施不同的土地利用政策。

实施"灰绿"结合的土地开发，降低防洪保护区的洪涝风险。防洪保护区内城镇建设的"灰绿"结合策略主要包括：①城镇土地开发尽量减少不透水面积；②城镇开发应禁止对河湖湿地等自然环境的侵占、限制易洪易涝区的开发、避开低洼易涝区的建设；③对于大面积的城镇开发建设，应在建成区内因地制宜完善或适当规划、建设河湖水系，保证建成区具备足够的雨洪调蓄排泄能力与良好的水生态环境。防洪保护区内的农村区域实施"灰绿"结合策略主要包括：①限制过度开垦土地，保证区域不发生严重水土流失，林、草不遭受严重破坏；②禁止侵占河湖滩地，保证河湖滩地对雨洪的调蓄空间。

1.3.3.3 继续完善防洪排涝工程体系

充分考虑洪涝规律和上下游、左右岸的关系以及国民经济对防洪的要求，科学进行防洪规划。尤其应注重各规划之间的协调性，防洪规划应当服从所在流域、区域的综合规划，与国土规划和土地利用总体规划相协调；区域防洪规划应当服从所在流域的流域防洪规划。

加快各流域防洪工程体系达标建设，实现防御常遇洪水、遇超标准洪水无重大人员伤亡的防洪目标。加强城市防洪排涝工程设施建设，加强中小河流与山洪治理以及重点地区的海堤达标建设。不断完善各类预案和调度方案，加强防洪工程的科学调度运用。

加强防洪排涝工程体系的运行维护管理。建立健全工程管理养护人员和经费渠道；加快技术创新，建立防洪工程运行管理平台系统，加强防洪工程的监控，及时发现问题及时养护管理，保障防洪排涝工程正常发挥作用。

1.3.3.4　强化洪涝灾害应急管理

建立空、天、地一体化的灾害监测体系，扩大监测信息种类，完善监测内容，提高信息获取水平。充分利用陆地卫星监测洪涝灾害，快速宏观获取灾害区域和分布情况，利用直升机、轻便无人机等从近空实时传输洪涝灾害区域重要实况信息。在重点防洪区域布置水位电子标尺、视频等灾情监控设施。通过专业人员培训和市场服务等方式，建立监测系统的专业技术队伍。

加强洪涝灾害预报信息系统的建设，提高预报的精度以及时效。建立新型天气预报业务应用系统，在空间上向中小尺度发展，在时间上完善短临预报，并向中、长期发展，解决城市、山丘区小流域降雨预报需求；加强各级防洪决策、预警等综合系统建设；建立各层级、各部门的信息共享长效机制。

加强基层防汛机构和能力建设，提高基层防汛部门的防洪应急能力。在基层建立常设机构，在镇（街）和村（居）级等建立基层防汛抢险队伍；完善县级及以下各级基层的预案体系，增强预案的可操作性和实用性；通过培训、演练等形式提高关键岗位人员的实战能力和技术水平；加强"群防群治、自保互救"的防灾宣传和训练，提高全社会的水患风险意识，广泛吸纳社会力量，推动社会化减灾。

1.3.3.5　建立国家洪涝保险制度

多年来中国政府一直从宏观层面上积极探讨开展国家洪水保险的可能性，基本形成的较为完善的防洪体系增强了洪水风险的可保性。基于中国的现状，应从建立国家洪水保险制度和完善现有商业保险相关险种两方面来推动洪水保险工作。

建立国家洪水保险制度。以国家财力作为后盾，由政府推行的带有强制性收取保险费的国家洪水保险制度是洪水风险管理的重要措施和选择。应出台国家洪水保险法规，制定强制性参加保险的条款；建立符合中国国情和洪水风险特点的合理洪水保险机制；制定配合洪水保险法律的洪水保险计划，列出具体的分阶段行动计划；科学合理确定洪水保险费率，利用洪水风险图确定洪水保险的范围和对象，开展洪水风险区划，进行洪水保险费率的核算。

在建立国家洪水保险制度前，完善现有与洪涝相关的保险险种。应加大对有关洪涝灾害保险的覆盖面和赔付力度，丰富险种；提升理赔服务的效率，充分发挥保险在灾后恢复中的作用；加大洪水风险研究对保险业的技术支撑，分享各类灾害信息和已有成果，加强保险业与科研部门、气象、水文、防汛指挥等部门的联系；保护商业保险公司承保洪水风险的积极性，出台相应的规章制度（激励制度），从制度上保障商业保险公司开展与洪水保险相关业务的良好环境；加强保险宣传及普及，提升公众保险意识。

1.4　结论与建议

频发的洪涝灾害严重影响了中国经济社会的发展。新中国成立后，中国在主要江河、不同地区和城市建设了大量的防洪工程，并实施了非工程防洪减灾措施，取得了显著成就。但在全国不同地区，防治措施仍有不足，表现在骨干工程建设、中小河流治理，城市防洪排涝，土地开发利用，洪水风险管理，防洪应急以及社会化减灾等各个方面。随着全球气候变化，中国快速城镇化以及经济社会的快速发展，未来防洪形势将更为严峻。在综合考虑中国洪涝风险成因、演变趋势及现状问题的基础上，提出中国洪涝风险管理和保险制度建设及对策建议如下。

（1）建立洪水风险管理制度。应将符合中国国情的洪水风险管理理念引入相关法规体系，通过逐步改进和完善相关法律和体制，进一步从法律和体制上明确相关部门的作用、职责和协调机制；加强能力建设，形成稳定有序的资金保障，培训公众洪灾意识等。

（2）加强土地利用管理。限制洪泛区的土地开发，保证有效的行洪空间；合理利用、开发蓄滞洪区土地，确保蓄滞洪区的蓄洪能力；实施"灰绿"结合的土地开发，降低防洪保护区的洪涝风险。

（3）继续完善防洪排涝工程体系。针对防洪工程体系薄弱环节，加快城市防洪达标、海堤达标和排水管网达标等防洪排涝工程体系建设，加强防洪工程体系的运行维护管理。

（4）强化洪涝灾害应急管理。建立空、天、地一体化的灾害监测体系，扩大监测信息种类，完善监测内容，提高信息监测水平；加强洪涝灾害预报预警和调度业务化系统建设，提高预报预警和调度的精度和时效性，为洪涝灾害防御提供更有力支撑；加强基层防汛机构的建设，提高基层防汛部门的防洪应急能力。

（5）建立国家洪涝保险制度并完善现有相关险种。应出台国家洪水保险法规，制定强制性参加保险的条款，建立符合中国国情和洪水风险特点的合理洪水保险机制，配合洪水保险法律制定洪水保险计划、科学合理确定洪水保险费率；对于现有险种，应加大对有关洪涝灾害保险的覆盖面和赔付力度；提升理赔服务的效率；加大洪水风险研究对保险业的技术支撑；保护商业保险公司承保洪水风险的积极性；加强保险宣传及普及，提升公众保险意识等。

1.5　致谢

本研究的实施过程中，世行项目技术组和国务院发展研究中心的有关专家提出了很多宝贵意见，世行项目办公室以及国务院发展研究中心课题管理组承担了大量的组织协调工作，为本研究的顺利完成提供了有力保障，在此谨致以最衷心的感谢！

（丁留谦，中国水利水电科学研究院减灾中心主任、教授级高级工程师；李娜，中国水利水电科学研究院减灾中心教授级高级工程师）

专题报告十
中国水生态补偿与水生态治理研究

王建华　赵　勇　胡　鹏　张春玲

1.1　背景与必要性

中国是世界主要经济体中受水资源胁迫程度最高的国家,人多水少,水资源时空不均,与耕地、能源、矿藏分布不适配是基本水情。随着经济社会快速发展,长时期、大规模、高强度水资源开发利用,当前中国水生态环境安全新老问题交织,特别是在全球气候变化影响日趋显著,工业化、城镇化进程不断加速的情况下,水污染问题日益凸显,水环境负荷日趋加重,造成了河流断流、湖泊湿地萎缩、地下水超采、海(咸)水入侵、水体功能衰退、水土流失严重等生态环境问题。

为保障水生态安全,近年来中国政府积极探索,力求通过实施最严格管理制度控制经济社会用水,通过水生态文明建设、水生态补偿机制建设、流域综合治理、水污染防治、地下水压采等多种措施修复水生态系统,以整体提高国家水生态保障程度。2013年,中国政府启动了水生态文明建设工作,分两批确定了山东济南、江苏苏州、河南许昌等105个当地政府支持、基础条件较好、代表性和典型性较强的市、县,开展水生态文明建设试点工作,探索不同发展水平、不同水资源条件、不同水生态状态地区水生态文明建设的经验和模式,主要建设内容包括落实最严格水资源管理制度、优化水资源配置、强化节约用水管理、严格水资源保护、推进水生态系统保护与修复、加强水利建设中的生态保护、提高保障和支撑能力和广泛开展宣传教育等八个方面。2015年出台的《水污染防治行动计划》中，明确提出要"全力保障水生态环境安全"，2016年中国政府工作报告也指出"坚持在发展中保护、在保护中发展，持续推进生态文明建设。

在政策机制方面，建立生态补偿机制已经成为关键的政策选择。2007年，十七大报告中明确提出"实行有利于科学发展的财税制度，建立健全资源有偿使用制度和生态环境补偿机制"。2012年，十八大报告明确提出"深化资源性产品价格和税费改革，建立反映市场供求和资源稀缺程度、体现生态价值和代际补偿的资源有偿使用制度和生态补偿制度。"2013年，十八届三中全会进一步指出："坚持谁受益、谁补偿原则，完善对重点生态功能区的生态补偿机制，推动地区间建立横向生态补偿制度。"

1.2　研究目标

科学认知水生态安全与水生态补偿的概念、内涵及其作用意义，分析中国水生态安全形势与态势，评价水生态文明城市试点的进展与成效，分析说明生态补偿与水安全的关系，总结中国水生态补偿的历程与现状，提出加强中国水生态安全治理的对策建议。

1.3　问题/分析总结

1.3.1　存在问题

一是水环境污染。中国水体污染十分严重，点源污染不断增加，非点源污染日渐突出，部分水体丧失其使用功能，水污染问题日益复杂化、尖锐化，呈现出复合性、流域性和长期性，已经发展成为中国最严重的水问题。2015年，对全国23.5万千米的河流水质状况进行评价，其中全年Ⅰ类水河长占评价河长的8.1%，Ⅱ类水河长占44.3%，Ⅲ类水河长占21.8%，Ⅳ类水河长占9.9%，Ⅴ类水河长占4.2%，劣Ⅴ类水河长占11.7%。对116个主要湖泊进行水质评价，其中全年总体水质为Ⅰ~Ⅲ类的湖泊有29个，Ⅳ~Ⅴ类湖泊60个，劣Ⅴ类湖泊27个，分别占评价湖泊总数的25.0%、51.7%和23.3%。

二是水生态退化。伴随着水资源的过度开发、水污染加剧和水利设施管理不善，水生态问题日益凸现，呈现江河断流、湖泊萎缩、湿地减少、地面沉降、海水入侵、水生物种受到威胁等状况，淡水生态系统功能"局部改善、整体退化"的局面仍未改变。中国北方黄河、淮河、海河和辽河水资源开发利用程度达到40%~72%，入海水量由20世纪50年代的1521.6亿立方米下降到21世纪初的853.2亿立方米。北方地区514条河流调查表明，有49条河流发生过断流，断流河段总长度7428千米，占发生河流总长度35%。与20世纪50年代相比，湖面面积大于1平方千米湖泊的总面积减少了14850平方千米，约占50年代湖泊面积15%；湖面面积大于10平方千米的湖泊中有231个发生不同程度的萎缩，其中干涸湖泊89个，干涸面积4289平方千米。

三是地下水超采。由于地表水资源短缺或遭到污染，中国有些地区不得不依靠超采地下水来维持经济社会发展，特别是近30年地下水超采现象十分严重，引发了地面沉降、地面塌陷、地裂缝、海（咸）水入侵等一系列生态和环境地质问题。依据《地下水超采区评价导则》（SL286-2003），中国共划分出413个地下水超采区。其中浅层地下水超采区295个，深层承压水超采区118个。根据浅层地下水超采区基准年开采量与可开采量的分析及深层承压水的基准年开采量，全国平原区地下水现状超采量为171亿立方米，占基准年地下水开采总量的16%。

四是水土流失严重。中国是世界上水土流失最严重的国家之一，水土流失分布范围广，中国土壤侵蚀总面积294.9万平方千米，占国土面积的30.7%，其中水力侵蚀129.3万平方千米，风力侵蚀165.6万平方千米；流失强度大，年均水土流失总量45.2亿吨，约占全球水土流失总量的20%，主要流域年均水土流失量为3400吨/平方千米；水土类型复杂，水蚀、风蚀、冻融侵蚀及滑坡、泥石流等重力侵蚀相互交错。

1.3.2 建设成效

不同区域水生态文明建设的重点有所不同，本研究根据东北、黄淮海、长江中下游、华南沿海、西南和西北六大区域，调研分析从每个区域选取代表性城市水生态文明建设特征与重点。中国第一批水生态文明试点城市共46个，是本次项目调研分析的重点。调研了解到，各试点城市均全力推进试点期内各项重点任务建设，水生态文明城市建设取得初步成效。

一是最严格水资源管理制度得到落实。试点城市均明确将"三条红线"指标作为试点建设约束性指标，持续完善城市水生态空间功能定位和建设格局，逐步实现以水定城、以水定产，水的控制性要素功能得到较好体现。第一批46个试点城市中，有25个城市用水总量较试点前有明显下降，平均降幅为7.4%，远高于全国水平；万元工业增加值用水量为37.2立方米，远低于全国平均值58.3立方米；农田灌溉水有效利用系数平均值为0.577，高于0.536的全国水平；第一批46个试点城市水功能区水质总体达标率81%，高于70.8%的全国总体达标率。

二是水安全保障显著提升。试点城市优先解决民生需求，采取开源与节流、兴利与除害、城乡保障与生态保护并行举措，用水安全得到明显提升。第一批46个试点城市中，集中式饮用水水源地安全保障达标率较试点前提升23%；有28个城市试点范围内80%以上的防洪堤达到相关规划要求，较试点前提高42%。

三是水生态环境明显改善。试点城市通过水生态保护与修复、生态补水、控源截污的措施，严格水资源保护与水污染防治，保障了河湖生态用水，提高了水资源和水环境承载力。第一批46个试点城市中，有22个城市Ⅰ～Ⅲ类水质河长比例平均值为77.8%，超过74.2%的全国水平；60%的试点城市水域空间率较试点前有不同程度增加；36个城市生活污水达标处理率高于90%；17个城市工业废污水排放达标率为100%，27个城市工业废污水排放达标率高于90%。

四是水资源监管能力得到提升。试点城市不断加强监管，全面提升水资源监督管理能力和水平。第一批46个试点城市中，城市入河排污口平均监测率为90%，比试点前提升25%；27个城市实现了试点范围内国家或省级水功能区水质的全覆盖监测，32个城市定期对90%以上的国家或省级水功能区开展水质监测，分别比试点前多11和13个；有26个城市实现了对区域80%以上的取用水计量，较试点前增加了7个；有36个城市实现了非农业用水户取水许可证发放率超过80%。

五是节水优先方针得到深入执行。各试点城市全面推进工业节水增效、农业节水增产、城镇节水降损等行动，不断加大非常规水源开发利用。第一批46个试点城市中，19个城市制定了高耗水企业节水减排方案，17个城市高耗水企业节水减排方案实施率超过80%；有27个城市开展了非常规水利用，新增可利用水资源量超过8.5亿立方米。

六是生态文明意识得到明显提高。试点城市不断加强水生态文明建设宣传和培训。第一批46个试点城市累计开展各类宣传培训活动796次，发布各类新闻信息、出版相关刊物书籍超过4万多条（本）。

七是水生态文明建设长效机制初步构建。试点城市在投融资机制、水利管理体制、政府领导下的多部门协作机制等方面做了大量探索。第一批46个试点中，已有31个城市将水资源管理纳入党政实绩考核体系，33个城市初步实现了城乡水务一体化管理，逐渐建立了事权清晰、分工明确的水资源管理体制。

八是示范带动作用逐渐显现。水生态文明品牌效应逐渐呈现，有65个试点进入生态文明建设先行示范区行列，13个试点进入国家海绵城市试点行列。在全国水生态文明城市建设试点的带动示范下，16个省相继开展省级水生态文明创建工作。

1.3.3 政策机制

2005年以来，中国国务院每年都将生态补偿机制建设列为年度工作要点。加快推进生态文明建设，2016年5月，国务院办公厅发布了《关于健全生态保护补偿机制的意见》。发改、环保、水利、农业、国土、林业等国家相关部门均将生态补偿制度作为生态保护的基本制度。国家发改委起草了《生态补偿条例》草稿，提出了建立生态补偿机制的总体思路和政策措施。环保部联合财政部启动了国家重点生态功能区转移支付。水利部制定了水土保持补偿费征收使用管理办法。农业部联合财政部于2011年启动了草原生态保护奖励补助。国土部门实施矿山地质环境专项资金，支持地方开展历史遗留和矿业权人灭失矿山的地质环境治理。林业局根据森林法的规定，出台了国家级公益林区划界定办法和中央财政森林生态效益补偿基金管理办法。除了上述政策、市场等措施，中国《环保法》《水污染防治法》《水法》《清洁生产法》等国家法律，以及部分省部级规章条例，也强调了资源的有偿使用和对保护工作的补偿。

水生态补偿实践目标。综合分析中国正在实施的水生态补偿案例，主要包括保护补偿和污染赔偿两种类型。其主要动机是水生态保护行为的受益者有责任向水生态保护者支付补偿费用，而水生态破坏者应向水生态受损者支付占用水环境容量的费用。基于这一认识，开展了水生态补偿标准制订、水生态补偿方式、资金渠道等一系列工作。

水生态补偿实践探索。根据不完全统计，近年来，中国有16个流域（区域）探索开展了水生态补偿。其中国家参与补偿的3例，省级行政区参与协调的10例，地方横向补偿的12例，主要包括三种类型：一是国家对水源区的转移支付水生态补偿；二是通过设立补偿基金进行补偿；三是由收益方直接进行补偿。

水生态补偿主客体。建立水生态补偿机制的前提是确定补偿的主客体，在中国，水生态补偿的主体包括流域生态改善的受益者和流域生态环境的破坏者。水生态补偿客体是执行水环境保护工作等为保障水资源可持续利用做出贡献的地区和个人或由于上游的超量排污受到严重外部影响的下游地区。因此，水生态补偿的客体既包括流域生态保护者，还包括流域生态污染受害者。

水生态补偿基本方式。资金补偿是水生态补偿主要形式，适合于各种尺度水生态补偿机制。政策补偿是上级政府对下级政府的权力和机会补偿，受补偿者在授权范围内，制定一系列创新性政策，享受项目投资、产业发展和财政税收等方面的优惠。水生态补偿市场机制的形成需要三个前提：一是生态服务供需矛盾尖锐，二是公众对生态服务功能与价值的认可，三是成本效益分析结果较好。

水生态标准测算依据。生态补偿标准的测算是建立生态补偿机制的关键技术难点，当前绝大多数生态补偿标准的测算都是从投入和效益两方面进行的。在投入方面，核算水资源和生态保护的各项投入，以及因水源地保护而受限制发展造成的损失。在效益方面，估算保护投入在经济、社会、生态等方面产生的外部效益，根据投入与效益估算补偿标准。

1.4　结论与建议

中国在水生态补偿方面开展了的大量研究和实践探索，然而在理论方法和实践操作方面还有很多方面不成熟，也制约了水生态补偿机制的全面广泛地实施。主要有：缺乏系统完整的水生态补偿理论体系，水生态补偿的概念和内涵界定尚不规范；补偿标准定量测算方法不够科学，并且往往忽视自然因素对河流水量、水质变化的影响；多数研究仅考虑了点源污染所带来的生态补偿问题，面源污染所带来的外部性在生态补偿研究中考虑较少；虽然已经开展了跨省河湖生态补偿探索，但全流域层面的生态补偿机制尚未开展；不同利益主体对生态补偿的认识差异较大，缺乏协商机制；政府补偿比重过大，市场补偿尚不成熟；生态补偿相关的法律和制度不配套。

中国流域跨度大，涉及的行政区域和管理部门众多，建立和完善水生态补偿机制是一项十分复杂的课题，需要长时期探索研究。首先需要完善重要断面的水量、水质、含沙量的监测工作，对跨界断面指标采取联合监测，形成权威、公开的现代化监测与信息发布体系。其次要需要针对不同类型问题逐步探索实践，通过试点总结经验并不断提高和完善，逐步建立健全能够适用于不同类型的水生态补偿机制。第三是探索各种补偿措施，包括建立和完善有利于生态补偿的收费体系；建立有利于水资源和生态保护的财政转移支付制

度；探索以政府为主导，民间组织、环保社团、民间基金会等社会力量参与的多元化生态补偿；探索加强项目和经济合作等多种补偿方式。最后是完善管理机制与法律法规，建立由水生态补偿各利益相关方参与的管理体制、运行机制、协商机制和公众参与机制，明确各方权利和责任。

1.5　致谢

感谢水利部水资源司提供的全国水生态文明建设试点资料，感谢世界银行对于本专题研究提供的经费和技术支持。

———————

（王建华，中国水利水电科学研究院副院长、教授级高级工程师；赵勇，中国水利水电科学研究院水资源研究所副所长、研究员；胡鹏，中国水利水电科学研究院水资源研究所教授级高级工程师；张春玲，中国水利水电科学研究院水资源研究所教授级高级工程师）

专题报告十一
水治理的法治化进程及其改进方案

常纪文　汤方晴　吴　平

1.1　背景与必要性

1.1.1　水治理的法治化进程

在水治理立法方面，改革开放以来，为适应不断变化的水资源、水生态和水环境问题，中国加强水治理立法工作。目前，在《宪法》指导下，已颁布《水法》《水土保持法》《防洪法》《环境保护法》《水污染防治法》和相关的行政法规、部门规章、标准，共同构成了中国水治理的法律规范体系，涵盖水资源管理与保护、水污染防治、水生态保护、水利工程建设与管理、防洪与抗旱等内容，基本满足了水治理工作的法律规范建设需求。

在水治理监管的法制建设方面，近年来，中国在生态环境保护和资源管理体制机制方面重拳出击，出台一系列改革文件，为中国水治理监督管理改革铺平道路，指明方向。2016年9月发布的《关于省以下环保机构监测监察执法垂直管理制度改革试点工作的指导意见》，旨在改革环境保护监管事权的分配，形成适应新形势新任务的监管体系，提高环境监测监察和监管的能力，增强环境监测监察执法的独立性、统一性、权威性和有效性，克服地方保护主义。同年12月发布的《关于全面推行河长制的意见》提出推行河长制，由党政主要领导担任河长，落实地方主体责任，协调整合各方力量，促进水治理等工作。此举是落实绿色发展理念、推进生态文明建设的内在要求，是完善水治理体系，解决中国水问题的重大体制创新。

在水治理的督察法制建设方面，建立水资源督察制度是落实最严格水资源管理制度的内在要求，是健全流域综合管理体制机制的有效途径，是加快水行政管理职能转变的重要抓手。《水利部关于深化水利改革的指导意见》和《中共中央国务院关于加大改革创新力度加快农业现代化建设的若干意见》已明确提出要建立健全国家水资源督察制度。目前，水利部正在积极推动国家水资源督察制度建设。在生态环境保护督察方面，2015年以来，已经建立了中央环境保护督察制度。

在水治理的司法建设方面，为解决严峻的水资源侵占、水污染和水生态破坏问题，最高人民法院出台了多项司法解释，如《关于审理环境民事公益诉讼案件适用法律若干问题的解释》《关于审理环境侵权责任纠纷案件适用法律若干问题的解释》等，在司法保障方面有所突破。在2015年开始的检察机关试点提起民事和行政公益诉讼基础上，全国人大常委会于2017年修改了《民事诉讼法》和《行政诉讼法》，把试点制度巩固为法律的规定。目前，环境民事和环境行政公益诉讼制度在实践中不断推进，环境侵权责任纠纷案件审理法律依据更细化，资源和环境犯罪司法解释更完善，跨界的环境资源司法审判权限也被明确，为水治理的公正司法提供了基本的保障。

1.1.2 水治理的法治改革必要性

在现代社会，法治是解决水治理问题的必要途径。目前，从生态文明建设的目标导向、水治理的法治问题导向两个方面来看，水治理的立法体系存在立法欠缺和立法规范不协调等问题，存在改革措施需要法制化的问题。水治理的监管需要加强体制改革的法治化，使体制改革和机制创新具有明确的法律依据。在水治理的督察法制建设方面，需要建立一体化的水资源、水生态和水环境督察机制。在水治理的诉讼方面，水资源和水生态、水环境保护方面的公益诉讼虽然初步建立，但是对解决严峻的水资源和水生态、水环境问题收效甚微，说明还是有必要深化改革。也就是说，水治理的法治改革必须是全面的、深度的。

作用，健全督察的法制化，倒逼地方加强水治理工作；加强信息公开，吸收社会有序参与监督，扩大社会组织提起水治理方面的公益诉讼诉权，推进水的社会治理进程。总之，要完善水治理体系，提升水治理的现代化能力。

1.2　研究目标

水治理的法治化，目标是以生态文明建设为导向，参考域外成熟经验，总结浙江等地的国内水治理经验，查漏补缺，健全立法体系，及时修订过时的法律法规，协调水资源、水生态和水环境方面的规范体系；建立以问题为导向的体制、制度和机制，按照河长制、按照流域设立环保监管机构等改革文件的要求，使水资源、水生态和水环境的一体化监管既符合一般的行政监管原理，也结合中国的实际；发挥中国特色的督察体制

1.3　问题/分析总结

1.3.1　水治理的立法分析

1.3.1.1　水治理的立法分析

中国水治理立法体系的建设，首先基本形成涵盖水资源管理与保护、水污染防治、水生态保护、水利工程建设与管理、防洪与抗旱等内容较为完善的法律体系。其次，水治理体制逐渐科学，依法确立以流域管理与行政区域管理相结合的水管理模式和流域管理机构的法律地位。再次，水治理制度安排愈加完善，机制基本健全，体制不断创新和完善，为水的综合和系统治理打下了基础。

但从生态文明建设的需求看，水治理立法存在供给不足和规范冲突两个方面的不足。法律供给不足表现为，在水生态红线管控制度、联防联治、公众参与、水环境生态保护补偿、节约用水等方面存在不同程度的立法缺失、原则性强、配套制度不健全等问题，一定程度上阻碍了依法治水进程。例如，由于法律没有明确入河排污口设置审批和环境影响评价的先后顺序，导致两个审批脱节、行政效率低下的问题；由于法律并未明确水行政部门限制排污总量意见的法律地位，相关部门在此问题上认识并不统一，导致实际工作中限制排污总量意见未被作为污染物总量控制依据和水污染防治规划控制目标，造成水功能区限制纳污红线管理制度与水污染防治规划之间的不衔接问题。规范冲突主要表现为，在部门立法模式下，相关法律之间存在重复、矛盾、不衔接等问题。例如，由于《水污染防治法》和《水法》未对监测主体、监测标准和信息发布作出统一规定，导致实践中出现多头监测、数据不一致和多头发布信息问题；《水污染防治

法》《水法》分别规定水污染防治规划和水资源保护规划地位、主体和程序，两个规划内容上有重合部分，但由于制定主体不同，因此倾向性也不同，导致规划内容难以衔接、实施效果不佳等问题。

1.3.1.2 域外水治理立法的启示

域外经验可为我们提供借鉴和参考：首先，以联防联治为指引，加强法制协助。跨国河流莱茵河，各成员国采取"合作治理"理念，相互间基于共同利益通过具有法律效力的协议结盟，共同治理。英国的水治理立法确立了"综合治理"理念，加强部门之间的协调。值得一提的是，联防联治作为综合治水的科学理念已被广泛认同，治理理念或治理文化在流域治理时发挥着重要的作用，尤其是在莱茵河治理过程中，共同的利益和明确的治理理念是连接完全独立国家的坚实纽带，是促使各国认真履行义务的有力推动器。其次，重视立法和协议制定，强调依法治水。在水治理中，联邦制和邦联制国家地区协议的使用

频率较高，单一制国家则更注重立法。协议和规划的法律性质越明确，地位越高，执行情况越好。以协议的方式进行府际合作激发地方的能动性，以法律的形式赋予协议强制力以提高执行力，值得中国借鉴。

1.3.2　水治理监管的法制分析

1.3.2.1　水治理监管的法制建设问题

中国已经确立流域和行政区域相结合，水行政部门为主，多部门协调合作的水治理监管体制。实践中，水治理监管体制机制仍有问题亟待解决：一是流域水污染防治执法体制不够完善，流域管理机构事业单位的法律地位，缺乏权威性，易受地方政府意志的支配，执法效果不尽人意。二是监测体制不符合现实需要，多头监测、地方保护主义、基层监测力量不足等问题导致监测数据不一等现象，干扰监测公正性、影响监测公信力。三是跨区域和跨部门的联合监管机制尚未形成，执法效率低。四是执法地位缺失，综合执法体制机制发展较为滞后，水行政执法难度大。

1.3.2.2　域外水治理监管的启示

首先，建立流域管理机构是大多数国家和地区进行水治理的选择，且流域组织机构应当具有明确的法律地位和相当程度的决策和执行权力。其次，流域管理机构负责资源、环境和生态的综合管理是大趋势。再次，不过分强调将职能统一于某一部门，更注重各部门间的协调与合作。此外，流域管理体制上不同程度地出现了将权力"上收"的趋势。

1.3.3　水治理的督查督察法制问题

中国施行区域环境保护督查制度已近十年，目前已建成六大区域环保督查中心。区域环保督查工作有力地促进了环境法规和政策的执行和落实，但由于行政执法权缺失、行政级别低等体制上的制约，使得督查效力有限，工作总体绩效并不令人满意。

2015年7月《环境保护督察方案（试行）》出台，中央环保督察机制正式启动。中央环保督察组有层级高、权威强、速度快、问责有力、信息公开等特点。从试点情况来看，中央环保督察工作取得了非常有效的成果，但仍有需改进之处，例如，督察制度并未法制化、程序化；存在污染反弹问题；人大权力监督和政协民主监督的作用尚未充分体现；督察权威性仍有进一步加强空间等。

1.3.4 水治理的司法问题

一是水治理的公益诉讼理论研究不深入。首先，由于存在起诉主体资格严格、环保组织普遍经济能力有限、自身能力欠缺、信息公开程度低、取证困难、无奖励机制等问题，中国环保组织难以有效参与公益诉讼，社会监督水治理的司法实效有待提高。其次，司法实践中"社会公共利益"有哪些，可否赔偿，其与受损可以获得赔偿的私益如何区分？目前没有形成一致意见。再次，公益诉讼

赔偿金的管理问题仍有争议，赔偿金应当由环保组织管理还是政府部门管理有待考量。第四，在司法实践中，存在环境刑事诉讼附带民事诉讼制度未完善、基于合同关系的主体之间环境赔偿责任分配无明文规定等法律供给不足问题，给案件处理带来困难。此外，流域层面的一体化司法体制建设仍有改革的空间。

二是对行政权力的司法监督仍然很困难，水环境保护的行政公益诉讼仍是一大短板。首先是立案难。水资源带来的经济效益仍是地方政府的重要关注点，为保障经济的增长，降低失业率，一些政府仍然存在默许甚至放任企业污染的行为。虽然中国已采取了案件登记制度，但是很多水环境污染案件仍然难以立案。当诉状提交到法院后，法院往往会通知排污单位所在地的政府和环保局，政府和环保局会采取各种方式，让原告撤诉。其次是社会组织提起环境行政公益诉讼的制度尚未建立。由于缺乏直接的行政公益诉讼提起权，社会组织和公民难以起诉懈怠职责的地方政府及其有

关部门，即使起诉了，也难以督促法院依法立案。这不符合公益诉讼制度的应有之义，也不利于依法治国方略的深入实施。

1.4 结论与建议

1.4.1 水治理立法体系的改革建议

一要重塑立法理念，开展科学立法。首先，从水的生态属性和社会属性考虑，应当将水生态文明建设和水生态系统的整体保护作为立法基本理念，以改善水环境质量为核心，以维护水生态安全为立法的直接目标，上下联动，打破要素、区域界线，对整个流域系统实施统一保护和监管，增强水管理的系统性、协同性。其次，从生态保护与经济社会发展关系考虑，还应当以绿色发展为导向，推动社会利用优化产业结构、推进科技创新等方式助推水生态环境保护工作。

二要积极开展立法，填补立法空白。首先，在综合性法律制定方面，基于流域管理的自然特性和流域综合管理的必然趋势，建议制定《流域管理法》作为流域治理的基本法，对流域资源保护和利用、防汛抗洪、生态保护、污染防治等的管理体制、制度、机制进行基本规定，并着重对流域综合督查、流域生态补偿、流域法律责任等方面进行规范。其次，在专门性法律方面，建议针对不同的大流域进行专门立法，积极推动《长江保护法》《黄河法》等大江大河综合治理的专门法律出台。如果短期内出台有困难，可先制定条例，如《黄河流域管理条例》《长江流域管理条例》等。再次，在行政法规方面，加快《节约用水条例》立法进程，由水利部牵头，做好各部门之间的立法协调工作，条例制定应当对接《水法》，对用水定额管理、计划用水、超额累进水价等制度进行细化和程序化，建立节约用水的监督、管理、资金投入等机制，进一步明确政府、社会及个人等各方的节水责任和义务；开展包括水治理在内的PPP立法，以规范水治理PPP为目的，对社会资本甄选标准和程序、主管部门和权职权责、争议解决途径、风险控制、有限追索、终止补偿、行政和社会监督等重大事项作出规定。第四，在部门规章方面，围绕水生态红线的划定与保护开展立法工作。目前，中国在水治理方面存在比较突出的水环境、水资源、水生态之间的管理矛盾问题，以及流域发展不均衡、流域水管理不协调等问题，使得流域经济发展和生态保护难以协调推进。水生态红线管控制度可以有效针对突出矛盾进行治理，促进经济社会和水资源、水环境保护的均衡发展。因此，应当加快推进水的生态红线管控的法制化进程。具体来说，要合理安排生态红线的管理机构，健全水资源和水环境安全的指标体系，同时，还应当完善配套的保障措施和相应的责任追究机制，让制度得以落地。

三是推进立法修改，增强立法时效。首先，修订《水污染防治法》和《水法》以及制定配套法规时，应当整理和归并重复性内容，明确授权不

明内容，做好相关法律条款的衔接工作。例如，应当明确水监测职能和监测信息发布职能和监测数据的效力问题；明确规定水污染防治规划与水资源保护规划的定位和衔接要求，或直接由环境保护部门与水行政管理部门联合制定水资源保护与水污染防治综合规划；在饮用水水源保护方面，建议增加水量和水生态保护的内容，并进一步明确相关部门职责；明确入河排污口设置审批和环境影响评价审批先后顺序，采取措施提高行政效率；将限制排污总量作为水污染防治和污染减排工作的重要依据等。其次，围绕水生态红线的划定与保护开展立法工作。

四要完善立法程序，加强立法协调。部门立法的现状短期内难以改变是立法改革必须面对的客观现实，因此建议从立法起草阶段起就要加强水治理的规范协调。现有涉水法律体系庞大繁杂是法律改革必须面对的一个客观现实，且短期内部门立法的现状也难以改变，因此要加强水治理立法过程的协调。首先，法律草案的起草

承担部门要联合吸收其他部门参加，确保草案编制的科学性和合理性，从源头上避免法律规范的冲突。其次，为了避免下位法制定时的部门倾向，对于职能交叉事项，建议另行制定行政法规，或部门联合制定部门规章。最后，建议流域地方人大或政府签订联合水事立法协议，协作立法，共同制定水事法规或规章，减少多头立法和重复立法。

1.4.2　水治理的监管法制改革建议

一要建立监管制度和机制，衔接好河长制、湖长制与法定监管机构间的权责关系，让河长制、湖长制发挥预期作用。为了让河长制更好地在法律方面发挥作用，下一次修改《水法》时，可以考虑明确把现行的法定监管体制和河长制、湖长制有机地衔接起来。为了让河长制更好地在党内法规方面发挥作用，中共中央、国务院或者中共中央办公厅、国务院办公厅在联合制定或者修改涉及水污染防治和水环境保护方面的文件时，可

以考虑把河长制明确纳入考核和监督体系。

二要健全监管体制和机制，实现流域的科学和有效管理。2017年中央全面深化改革领导小组第三十二次会议审议通过了《按流域设置环境监管和行政执法机构试点方案》，会议强调按流域设置环境监管和行政执法机构，要遵循生态系统整体性系统性及其内在规律，将流域作为管理单元，统筹上下游左右岸，理顺权责，优化流域环境监管和行政执法职能配置，实现流域环境保护统一规划、统一标准、统一环评、统一监测、统一执法，提高环境保护整体成效。在机构建设方面，建议针对长江、黄河等跨省级行政区域的大江大河，积极开展流域综合行政执法试点工作，设立流域管理委员会，负责流域综合水管理工作。试点结束后，可根据试点情况，总结经验并适时转化为立法规定予以固定。

三要加强流域内各区域与部门协作，形成监管的合力。首先，建立

信息共享平台，保证流域和区域内各涉水管理部门能够实现信息互通。其次，建立和深化执法协作机制，流域管理机构及流域地方政府，可协商制定联合执法的规章制度，统一执法标准和尺度。通过信息共享、联席会议、联合巡查、现场专项执法、上下级多级联查等方式，让各部门做到无缝对接，形成合力，提高水行政和水污染防治执法效率。

四要完善流域执法责任追究机制，引入社会参与和监督。首先，建立内部监督机制。通过法律、行政协议、制度约定等方式，形成执法协作责任的监督机制，加强执法程序性设计，通过程序性规定监督、制约行政权力；建立科学的机构体系，即完善内部横向监督机制；建立内部审计监督机制，完善内部层级监督机制，探索建立监察专员制度；其次，建立外部监督机制，完善司法机关的监督机制、权力机关监督机制以及社会监督机制。强化公众问责机制。应当处理好管理和监督的治标与治本问题，加强与社会监督相匹配的社会治理制度建设。要着力解决社会参与程度不高、社会参与渠道不畅通等问题。弥补行政监测、监察、执法和许可角色的不足。建议引入并强化公众问责机制，使新的监管体系公开透明，并可问责。

五要完善流域纠纷解决机制，及时有效化解纠纷。首先，完善横向协调机制，即流域内同级政府间通过协商会议友好协商解决纠纷。其次，建立纵向协调机制，即由共同的上级机关进行裁决。第一种横向协调机制看似有着低成本高效率的优势，但是由于水事纠纷通常牵涉利益重大，主体间往往难以达成一致，反而因此提高了协调成本。在中国的行政体制下，上级政府的决定对下级政府影响极大，因此遇到纠纷由共同的上级机关进行协调，协调不成的直接作出决定无疑是更优选择。在流域污染防治方面，纠纷的协调和决定权不妨交予流域管理机构，流域管理机构在进行协调和决定时应当科学合理，调取相关数据，广泛听取执法人员、专家学者和公众的意见。

1.4.3　水治理的督查督察法制改革建议

第一，建立水资源督察制度。组建督察机构，以"国家水资源督察"名义开展工作。充分运用通报、公告、约谈等有力措施，落实水资源节约保护主体责任。多渠道加强公众参与，注重与媒体曝光形成合力。逐步建立长效机制，将督察制度固定于法律规范中。

第二，完善区域环保督查制度。适当转变督查方法，在发现违法违规情况后向中央环境保护督察办公室反馈，配合中央督察工作，加强自身权威，共同深入推进督察体制改革。依托流域管理委员会进行综合督查，提高督查的效率。

第三，建立长效中央生态督察制度。出台《环境保护督察办法》，规定督察范围、内容、流程等。开展督察回头看工作，巩固督察成果。进一步加强督察工作的权威性，由正部级领导带队督察，中组部和中纪委监察部的官员参与督察。拓展党政同责的内涵，建议全国人大和全国政协派出官员参与督察，督促地方人大开展环境保护的权力监督，督促地方政协开展环境保护的民主监督。

1.4.4　水环境公益诉讼的法制改革建议

一要健全水治理公益诉讼的条件、范围和程序，加强检察机关的法律监督作用。由于公益诉讼具有特殊性，检察院提起公益诉讼的程序应与检察院提起其他类型诉讼的一般程序区别开来；另外，基于检察机关地位的特殊性，应当注意检察院与社会组织提起公益诉讼在程序上的区别。由于全国人大常委会有授权，可以在程序上对《民事诉讼法》和《行政诉讼法》的程序规定予以适当突破。另外，为了提高效率，有必要对检察机关提起环境行政公益诉讼设立两个前置性程序，对于行政机关的涉嫌违法行为，先由检察机关下达检察建议，要求限期改正违法行为。如果行政机关认为自己没有错误或者不改正的，即自动进入第二个前置程序，即由中央政法委会同中共中央组织部制定党内法规，要求检察机关在提起环境行政公益诉讼之前，检察机关党组应当将案件的情况以及有关起诉准备工作提交地方同级党委会讨论。地方党委常委会协调成功，行政机关及时改正错误的，不予起诉；协调不成功的，则予以起诉。这样可以实现党内法规和国家立法在环境保护方面的有机衔接和协调，减少政治风险。

二要进一步放宽社会组织参与水污染、水生态破坏民事公益诉讼的资格，降低环保组织提起诉讼的门槛。如减少专门从事环境保护公益活动的年限要求和降低登记的要求，建议只要在全国范围依法登记即可。在知情权方面，应把环境保护部《企业事业单位环境信息公开办法》《环境保护公众参与办法》分别上升为《企业事业单位环境信息公开条例》《环境保护公众参与条例》，增强其覆盖性和有效性；应简化信息公开的程序，拓

宽企业和政府信息公开的范围，增加对信息不公开的行为的处罚力度，降低社会组织调查取证的难度。在资金方面，应设立对社会组织的资金保障及奖励措施，鼓励社会捐助，健全社会组织的财务管理立法，规范社会组织的运行，既减小社会组织的资金压力，避免因高额鉴定费等导致公益诉讼流产的现象，同时也可提高社会组织参与的积极性，推动公益诉讼的规范化发展。在人才方面，可以考虑开放企事业单位的兼职规定，允许专业人员无偿到公益组织从事兼职的技术工作，以保护社会公共的环境利益。为了培育社会组织的监督能力，要加大政府购买社会服务等方面的资金支持力度。

三要健全对水治理行政权力进行司法监督的体制、制度和机制。首先，为了防止法律的要求被地方或者部门搁置，防止地方水资源、水生态、水环境受到严重损害，保证按日计罚、行政拘留等严厉的法律责任能够得到实施，减少地方保护主义的发生，既有必要修改《刑事诉讼法》，

构建社会组织针对国家公职人员提起刑事公益诉讼的体制、制度和机制，也有必要修改《行政诉讼法》，构建社会组织和个人提起环境行政公益诉讼的体制、制度机制。其次，对于按照《环境保护法》《关于开展领导干部自然资源资产离任审计的试点方案》《党政领导干部生态环境损害责任追究办法（试行）》规定应当受到处理而不处理或者应当引咎辞职而不辞职的行政官员，建议建立社会组织提起行政公益诉讼的体制、制度和机制，要求地方人民政府启动有关追责程序。再次，统一水治理司法的尺度，克服地方保护主义。建议由最高人民法院作出司法解释，统一规定跨区域水损害案件的审理机构。当然，也可以建立区域和流域巡回法庭，受案范围包括水资源、水环境和水生态方面的公益诉讼。

四要针对水污染、水生态破坏明确公益诉讼赔偿金的条件、诉讼请求和管理归属。建议最高人民法院建立社会公共利益的范围清单和环境公益

诉讼的诉讼请求清单或者指南。短期看，可由各级人民法院执行庭按照生态修复计划管理赔偿资金，或者采取购买社会服务的方式，公开选聘金融机构开展赔偿金管理；长期看，建议建立理事会管理模式的基金会管理赔偿金。

五要研究建立水污染、水生态破坏刑事附带民事公益诉讼制度。在检察机关刑事司法实践中，环境刑事附带环境民事公益诉讼有着多方面的重要现实意义，其既符合检察机关法律监督者的职能定位，且具有节约司法成本、提高司法效率、简化诉讼程序、减轻被害集体诉讼负担等制度优势，且检察机关作为中国的检察权行使机关、法律监督机关以及国家利益与社会公共利益的代表，此举对于保护国家利益和社会公共利益也是意义重大。应当对检察院环境刑事附带环境民事公益诉讼的提起条件、提起方式、法院的受理及裁判流程及规则、检察系统内部公诉部门与民事

部门的对接等诸多制度进行设计，可适当参照现有刑事附带民事制度，特别是公益性刑事附带民事实践路径，并结合公益诉讼的自身特点予以进行。这些需要进一步的研究，并且由最高人民法院和最高人民检察院联合出台司法解释。此外，还应当明确规定此类履行合同过程中共同侵犯环境私权和社会环境公共利益的行为责任主体之间连带责任的分配原则与方式。

1.5　致谢

感谢王克颖同学和孙天一同学在收集资料和翻译方面的帮助。

（常纪文，国务院发展研究中心资源与环境政策研究所副所长、研究员；汤方晴，浙江省智能制造专家委员会秘书处工作人员；吴平，国务院发展研究中心资源与环境政策研究所研究室主任、副研究员）

专题报告十二
中国水治理的行政管理体制及其
改革研究

高世楫　陈健鹏　周锡饮

1.1　背景与必要性

　　水短缺和水污染是当前中国社会经济可持续发展面临的突出问题，在中国的部分区域，严重的水危机已经直接影响到社会经济的可持续发展及人民的健康生活。2006年发布的《世界水资源报告》指出：当前水资源危机主要是水资源管理不善引起的。改革和完善水行政管理体制，是提高水资源利用效率、实现可持续发展的保障。水治理的含义是指政府及社会等多元主体，以保障水安全和水公平为主要目的，运用法律、行政、经济、文化、教育、信息和技术等手段，对人类涉水行为进行计划、控制、协调和引导等，使水资源保障、水环境质量、水生态服务和城乡供水等方面能力与水平不断提高的活动。水治理，一般包括水资源治理、水环境治理、水生态治理、城乡供水治理、水利工程治理和水事关系治理等。水治理的行政管理体制即是涉水的政府部门的组织结构、事权清单及保障体系。随着经济的发展，用水规模的不断提高，对水生态的压力不断增大，迫切需要与时俱进的水治理的行政管理体制，来提高水资源利用效率，实现可持续发展。

1.1.1 新型的水治理理念对与时俱进的水治理的行政管理体制提出了迫切需求

水治理体制改革的核心是完善水治理的行政分配体系，理顺部门之间、流域与行政区域之间的责权关系，统一水质、水量管理，逐步建立市场机制以及促进水治理决策中的公众参与。

1.1.2 保障国家水安全需要新型的水治理的行政管理体制

2014年4月，习近平总书记在关于保障国家水安全的专题会议上提出了"节水优先、空间均衡、系统治理、两手发力"的治水思路。党的十八届三中全会明确提出要"健全国家自然资源资产管理体制，统一行使全民所有自然资源资产所有者职责"，党的十九大报告中提出要"设立国有自然资源资产管理和自然生态监管机构"，标志着自然资源资产产权制度及自然资源资产管理体制的进一步完善，自然资源资产管理体制，是对自然资源资产进行管理的组织机构、事权划分及保障体系方面的制度体系。水资源是一种重要的自然资源，迫切需要从管理理念、组织结构、事权清单、考核问责等方面加快推进水治理的行政管理体制改革，在水治理领域实现健全自然资源监管体制的目标。

1.2 研究目标

本研究系统分析中国水治理行政管理体制从分散管理到统一管理，并逐步实现流域管理与行政区管理相结合的演进过程，分析了当前行政管理体制"条块分割"的主要特征。针对跨部门、跨地区水治理协作不畅、涉水信息共享机制未建立、流域立法滞后、行政问责体系不完善等问题，对水治理涉水行政管理体制改进方向进行了讨论，进而，提出了相关建议。

1.3　问题和分析总结

1.3.1　水资源管理体制演进与特征

1.3.1.1　水资源分散管理，水环境管理从无到有阶段（1949~1987年）

20世纪70年代末以前，中国涉水事务分散在多个部门，水利部仅负责洪涝防治和跨流域调水的水利建设（贾绍凤，2011）。同期，中国还没有相关的水环境保护与水污染治理的机构。1974年，由于北京官厅水库污染促使国务院环境保护领导小组的成立，标志着中国水环境保护机构的正式建立。1982年5月，国务院组建城乡建设环境保护部，部内设环境保护局。1984年，国务院将水利电力部设为负责水资源行政管理的部门。《中华人民共和国水污染防治法》也于同年颁布，确立了中国分区域分部门的水污染防治管理体制。1988年《水法》颁布之前，中国的水资源管理处于分散管理的状态，而水环境保护工作则经历了从无到有的过程。

1.3.1.2　水资源管理逐步实现统一，水环境管理逐渐加强（1988~2002年）

1988年，中国《水法》颁布，确立了"统一管理与分级、分部门管理相结合"的水资源管理制度，强调国务院水行政主管部门负责全国水资源的统一管理工作。同期，国家环境保护局成为国务院直属的副部级机构，是负责环境保护综合管理的主管部门。水资源统一管理的职能在其后的国务院机构改革中得到不断强化，水环境管理的职能则主要集中于国家环境保护局。1996年修订后的《水污染防治法》颁行，规定了环保部门对水污染防治实施统一监管。1998年国务院批准的水利部"三定"方案再次确定水利部是主管水行政的国务院组成部门，城市防洪及地下水管理划归水利部。国家环境保护局升格为正部级国家环境保护总局。这一时期，各流域机构下设的水资源保护局实行水利部与环保部门的双重领导。到了20世纪90年代末，由于存在管理分歧，流域水资源保护局的双重管理的作用越来越弱。

1.3.1.3 流域管理与行政区域管理相结合，水治理分工进一步明确阶段（2002年至今）

2002年中《水法》明确"国家对水资源实行流域管理与行政区域管理相结合的管理体制"。全国的水资源管理由国务院水行政主管部门负责。新水法对流域管理机构的法律地位做了较为明确、集中的规定。2008年政府职能改革，国家环境保护总局升格为环境保护部，成为国务院组成部门，进一步明确了水治理的职责分工，水环境保护与水污染治理由环保部负责，水利部对水资源进行统一管理，水环境信息由环保部负责发布（中华人民共和国中央人民政府门户网站，2009）。水污染防治管理方面，建立了流域水污染防治部际联席会议、领导小组等跨部门协调机制。在2001年以后，水资源保护局的双重领导的模式就已经不存在了。整体来看，中国现行的水治理行政管理体制的特点是"横向多头管理，垂直分级

负责"，涉水事务管理工作仍由多个部门协同开展，呈条块分割格局。涉水管理的主体十分复杂。流域管理职能在国家层面上分散于多个管理部门，存在责权边界不够清晰的问题，从而导致流域机构及地方政府的权责也不清晰。

1.3.2 涉水管理体制改革进展

1.3.2.1 水务一体化改革不断推进

针对中国目前水治理中的"多龙治水"，条块分割问题，中国从20世纪90年开始水务一体化尝试，通过成立地方水务局，对全市城乡的水资源保护、开发、利用、水灾害防治、水污染防治等涉水事务进行统一管理（卢新民，2010）。1993年深圳市、陕西省洛川县先后组建市、县水务局，成为国内率先实行水务一体化管理的城市。根据水利部统计，2016年底，全国县级以上水务局或承担水务管理功能的水利局有2698个，合计占

了全国县级以上行政区的近83.6%，地级水务局213个。截至2017年10月，省级水务局（厅）有4个，分别是北京市、天津市、上海市、海南省；副省级水务局有9个。水务一体化管理将与水有关的职能部门合并到一起，有利于充分发挥各类水利工程的效益，是中国城乡水资源统一管理和涉水事务一体化管理模式的重要创新。但当前的水务一体化改革中也存在仅涉及由原有水利局改名为水务局，没有开展实质性职能调整，部门协调、管理能力不足。

1.3.2.2 环保机构省以下垂改、按流域设置机构开始试点

2016年9月，中央办公厅和国务院办公厅联合印发了《关于省以下环保机构监测监察执法垂直管理制度改革试点工作的指导意见》。这标志着省以下环保机构监测监察执法垂直管理制度改革正式启动。

2017年2月6日中央深改组通过的《按流域设置环境监管和行政执法机构试点方案》提出了在流域层面上建立水环境监管和行政执法机构。

1.3.2.3 "河长制"稳步推进，配套方案逐步跟进落实

2016年12月，中国中共中央办公厅、国务院办公厅印发了《关于全面推行河长制的意见》，要求到2018年年底前全面建立河长制的目标任务。"河长制"是由各级（省、市、县、乡）党政主要负责人担任"河长"，负责所管辖区内江河湖泊的污染防控，保障水环境质量的改善。水利部与环境保护部联合印发了《贯彻落实〈关于全面推行河长制的意见〉实施方案》，同时水利部印发了《全面推行河长制工作督导检查制度》。"河长制"明确地方党政领导对水环境质量负总责的要求，以断面水质达标为标准，在此基础上进行水环境保护与水污染治理的责任分解和考核。截至2017年12月，各省级政府均出台了落实河长制的实施意见或实施方案，提出建立省、市、县、乡四级甚至到村的五级河长制组织体系，全国省、市

及县的工作方案全部印发实施，98%的乡级方案也已印发。七大流域水利委员会均不同程度制定了相应的实施方案，开展督导督查工作。全国31个省（自治区、直辖市）和新疆生产建设兵团的省级总河长及省级领导担任的河长均已明确，总河长均由省级党委和政府主要负责同志担任，并有330名省级领导担任重要河湖的河长，99%的市级及97%的县级河长均已明确。27个省份的河长制六项配套制度（河长制会议、信息共享、信息报送、工作督查、验收及考核与激励制度）已出台。其间，2017年11月20日，中央深改组审议通过了《关于在湖泊实施湖长制的指导意见》，加强对湖泊的水治理。根据水利部的预计2018年6月底前河长制将在全国全面建立。

1.3.2.4 加强以重点流域为整体开展水治理相关活动

2014年，中央成立了推动长江经济带发展领导小组，由中央政治局常委、国务院副总理张高丽担任组长，

2016年9月印发《长江经济带发展规划纲要》，推进长江"黄金水道"建设，推动建立沿江地方政府协商合作机制。2017年7月环境保护部、发展改革委、水利部联合印发了《长江经济带生态环境保护规划》，对《纲要》在生态环境保护流域的具体实施做了规划。2018年4月24日至26日，习近平总书记在长江经济带中游的考察中进一步强调了生态环境保护及绿色发展的重要性。

1.3.3 问题

1.3.3.1 职能部门分散，权责交叉，跨部门协作不畅

生产生活供水、交通航运、农业灌溉、水产养殖等水资源开发利用和水污染防治、水环境保护等工作相互脱节。水资源与水环境，地下水与地表水管理分属不同部门，大大降低了水治理效率（王亚华，2007）。跨部门协作机制不畅。随着需要跨部门处理事务的增多，涉水部际联席会议频次不断增加，但由于其本身不具备行

政权力，权威性不足，从而影响部际协调协同的治理效果。

1.3.3.2　流域机构与地方政府间协作不畅，流域管理机构作用不突出

长期以来，水治理多以各行政区域管理为主，地方政府间的协作机制未建立，缺乏具有可操作性的规范（周浩等，2014）。流域管理与区域管理的事权清单不明确，履行权责的方式不确定。流域管理机构与流域内各地方政府存在权利的博弈。在流域层面缺乏一个可以统筹管理各项水治理事务的流域管理机构。由于当前的各大流域管理机构仅作为各部委派出机构，其职能定位决定了其难以对跨流域水治理事务实施综合管理。

1.3.3.3　涉水信息众多且分散在诸多部门，信息共享机制尚未建立

当前与水治理有关的各部门均根据自身业务特点组织监测并积累了大量水资源、水环境及水生态的数据，这些数据归属不同的涉水行政管理部门，部际数据交换和共享机制尚不健全。此外，即使部委内部也缺乏正常的信息共享机制。由于各部门数据获取、分析方法与分析过程中遵循的技术规范不统一，导致同一监测点的数据不一致，监测结果缺乏可比性，也常出现监测结果差异较大甚至矛盾的情况，不利于全面、客观、准确地评价中国水生态环境质量，难以支撑水治理相关决策。

1.3.3.4　法律体系不完善，流域管理立法滞后，行政问责体系不健全

当前在处理涉及全流域的问题多以地方法律法规为主，法律保障不足。流域管理立法滞后，无法支撑流域综合管理；流域管理机构在进行行政执法时，处理地方的违法行为缺乏法律体系保障，执法能力和手段不足，尤其是调处省际水事纠纷能力弱。此外，在水治理过程中，对行政长官的监督问责机制未被很好地运用（李昊，2014）。存在问责主体单一化、责任判定标准未建立、追责程序不完善等问题。

1.3.3.5　公众参与制度尚未有效建立

长期以来，中国水治理中尚未建立政府、企业和公众参与协商的决策机制。法律法规只在原则性规定公众参与，公众获取相关信息渠道有限。缺乏细则与欠缺可实施性，公众的主动性与积极性没有被充分调动。

1.3.4　中国水治理管理体制改进方向讨论

水治理行政管理体制改革的核心目标是提高效能。要统筹考虑包括立法、组织结构、管理权力配置、问责机制、政策工具、监管能力等要素的缺失程度、改进的空间、改革的可行性以及可能出现的负面影响等因素，明确行政管理体制改革的路径。

1.3.4.1　关于"九龙治水"现状改进

尽管许多研究表明"九龙治水"降低了中国水治理的效率，但也有分析认为，水治理中职能分散并非关键问题，主要是缺乏有效的部门跨协作机制。更有研究认为，管理权力分散并形成良性的竞争有利于取得更好的治理效果。本报告认为，"九龙治水"管理体制虽然影响了中国水治理的绩效，但并非当前影响水治理绩效的根本原因。以合并机构为特征的"大部制"改革，虽然"显示度"和"关注度"很高，只能一定程度上改变"九龙治水"的现状，但水治理多种事权部委间协调及部委内部多部门协调问题始终存在，同时还可能带来部门垄断。水治理的核心问题是跨部门、跨区域的协作机制不畅，需要从法律及程序上推动部门之间在权责明确基础上实现信息共享、相互协作，制定具有操作性的协作规范，形成法制化、规范化、程序化的协作机制以及问责机制。

1.3.4.2　关于流域管理机构改革

流域管理机构改革是当前水治理体制改革的热点，有专家认为，水治理效能低下的主要原因就在于流域管理机构行政级别过低，应该进一步提高。也有专家认为，流域管理机构组成人员单一，应增加流域管理机构组成人员的多样性，发挥"委员会"的功能。综合国际经验和本研究的系统分析，本报告认为，强化流域管理机构行政地位及改变机构组成人员的方式难以改善流域水治理绩效。目前的流域管理机构已经具有足够高的行政地位，如长江及黄河水利委员会均为副部级机构，进一步的强化甚至改变其隶属关系，不一定会带来水治理绩效的改善，反而会过多改变当前流域管理体制的格局，导致原有隶属部委的职能不能有效落实。在现行行政管理体制下，试图增加流域机构人员多样性的尝试也难以发挥"委员会"的功能。

单独依靠水治理行政管理体制组织机构的变革不仅不会显著改进水治理绩效，而且会产生大量变革成本。本报告认为，当前流域管理体制改革的重要途径是落实并强化已有的流域管理机构职责，通过程序化、制度化的协同落实和加强流域管理。为此，

需建立并完善流域性立法，以法律形式强化由流域管理机构制定全流域共同的水治理目标的职能及统筹管理的能力，促进各部委下属的流域机构间的协作。扩展并强化流域管理机构在水质水量的统筹管理方面的职能。扩展其统筹管理流域内山水田林湖草等要素，从而合理规范水资源的开发利用行为的职能。

1.4 结论和政策建议

1.4.1 主要结论

当前水治理的核心问题还是跨部门、跨区域的协作机制不畅，需要从法律及程序上实现上下级、区域间及部门间的信息共享，制定具有操作性的协作规范，形成法制化、规范化、程序化协作机制以及问责机制。尤其是在当前水治理事权得到进一步整合的形势下，水治理的协作机制的建立就显得愈发迫切。水资源监管与水环境保护分属自然资源部与生态环境部

的机构改革方案可以很好地发挥机构间的制衡与协作优势，因此也就更需要良好的协作机制的支持。

流域管理机构改革是当前水治理体制改革的热点，当前流域管理体制改革的重要途径是落实并强化已有的流域管理机构职责，通过程序化、制度化的协同来加强流域管理。为此，需建立并完善流域性立法，以法律形式强化由流域管理机构制定全流域共同的水治理目标的职能及统筹管理能力，促进各部委下属的流域机构间的协作。

1.4.2　若干政策建议

1.4.2.1　完善跨部门协作机制，建立分工明确、权责清晰、协同有效、运行规范统一的水治理行政管理体系

通过权责清单等方式进一步明晰涉水相关部门的权责，推动建立水资源节约、水生态保护、水污染防治协同有效的监管体系。通过跨部门的工作机制、（涉及水量、水质）政策工具协同等方式推动实现水资源的取水权、用水权及排污权的协同管理。以生态文明体制改革为契机，通过督察制度、问责机制不断夯实涉水行政管理体系中各部门的分工和权责，进而推动建立跨部门有效、规范的合作机制。建立运行有效的涉水部际联席会议机制和部门沟通机制，不断完善以水利部门和以环保部门为核心的水资源与水环境协同管理机制。完善部际联席会议的法律规范，完善同级部委之间的议事规则，制定具体的实施细则，推进部际协调机制制度化、规范化、程序化。

1.4.2.2　强化以流域为单元开展水治理，强化流域管理机构履职能力

通过修订法律法规、流域立法等方式强化流域管理机构的执法能力及权威性，增强流域管理机构的履职能力。明确界定流域管理机构的权责，健全流域层面水治理的行政执法体系，建立跨省界区域的执法机制，强化流域机构维护流域正常水事秩序的

行政执法功能。鼓励在流域层面，水利部流域机构、环保部门流域执法机构、区域环境督察局建立常态化的工作协调机制。

1.4.2.3 完善流域统筹、属地管理相结合、协同有效的水治理机制

建立区域落实与流域统筹相结合的水治理机制，进一步划分流域机构与区域行政管理的事权，完善二者结合的水治理机制。流域管理机构应重视宏观管理，有效激励地方政府及部门的积极性。赋予流域管理机构对地方涉水相关部门主要领导的考核评价权，通过流域管理机构平衡流域整体利益以及地区利益。流域内所属的各地方政府应在服从流域管理机构统一规划和目标设定下，相应分解各自的考核目标，负责管辖范围内的水治理职责，通过属地内部的各涉水部门协作，来达到属地的水治理目标，协同一致共同保障流域治理目标的实现。在事权界定不清的地方，通过协商等方式不断明晰。

1.4.2.4 衔接环保机构省以下垂直管理改革、"河长制"、按流域设置环境监管和行政执法机构与相关问责机制等改革

有效衔接环保机构省以下垂直管理改革、按流域设置环境监管和行政执法机构等改革，理顺不同层级机构的工作流程。通过"河长制"、最严格水资源管理制度、生态文明建设目标评价考核等相关问责机制，推动在明晰各部门权责基础上强化跨部门协调机制、建立自上而下、多个层次跨部门的工作机制。在组建跨流域的环境监管机构时，应统筹考虑与水利部门所属流域机构进行有效合作，以建立工作机制、涉水信息共享为抓手，推动流域层面加强部门合作。环保流域机构应把跨行政区域的协调工作作为职能重点，其环境执法权限和属地环境执法应有序衔接。

1.4.2.5 构建涉水信息平台，建立畅通的涉水信息共享机制

加强涉水数据库标准、规范建

设，出台相关标准，为后续全国水信息平台建设奠定基础。推动流域层面构建统一规范共享的信息共享平台，实现多部门、多地方和多用户的水信息共享。进一步推动环保、水利、国土等部门加强部门间涉水信息沟通和监测方法、评价标准等方面的技术交流，建立制度化的信息共享机制。进一步强化水信息发布，充分发挥水利、环保协同作用。

1.5　致谢

感谢贾绍凤研究员、钟毓秀高级工程师提出的修改建议。感谢程会强、王海芹研究员提供流域机构调研资料并参与讨论。

（高世楫，国务院发展研究中心资源与环境政策研究所所长、研究员；陈健鹏，国务院发展研究中心资源与环境政策研究所研究室主任、研究员；周锡饮，清华大学环境学院博士）

专题报告十三
中国水治理技术创新与信息平台建设

周宏春　黄晓军

中国水资源的时空分布不均、水旱灾害频发等老问题与水资源短缺、水环境污染、水生态损害等新问题交织在一起，成为经济社会可持续发展的制约因素。为更好地满足转折转型需要，加强水安全技术创新和信息平台建设、提升水治理水平和能力迫在眉睫。

1.1　中国水治理技术创新与信息平台建设背景

总体上看，中国水资源安全保障能力较弱，水环境质量改善慢，水生态受损较严重，水环境污染隐患多，现有技术研发创新和信息平台难以支撑水治理需求。水信息数据存在项目不全、覆盖不广、系列不够长、条块分割等问题。将多层次、多来源的数据整合起来，迫切需要技术解决方案和制度安排。

水是基础性的自然资源和战略性的经济资源。从科学角度看，水治理分为水资源、水环境、水生态、水灾害和水管理等领域；从用户角度考察，覆盖农业用水、工业用水、市政用水、生态用水、居民用水等。技术创新分三个层次：技术思路、技术装备（固化的技术）和解决方案。技术创新应符合技术可行、经济合理和环境友好的方向，并形成可推广、可复制的模式。信息平台分为可以共享的公共平台、决策支持的政府平台和企业平台等类型。

本研究参考了大量科研成果、政策法规与规划，从水资源开发利用、节水和高效用水、水污染治理、水生态保育、水灾害预防以及管理等方面分别进行了讨论，并进行了案例研究（以专栏形式表现出来）；在此基础上，建议建设一个全国统一、规范和共享的水治理信息平台。气候变化背景下的水安全，是世界各国的研究热点和重点；研究中增加了对这一趋势和对策建议的考虑。

1.2　研究目标

坚持问题导向，把脉中国水安全治理技术、水信息及共享平台的现状及其与国外先进水平的差距，梳理水安全治理急需的关键技术和供给现状以及国际发展趋势，提出技术创新的主要方向、目标、重点技术、创新活

动组织、配套政策以及构建信息平台等的对策建议。

1.3　中国水治理技术创新与信息平台建设中的问题及其分析

1.3.1　水资源开发利用技术创新

国家实施了"水资源高效开发利用"科技专项，要求重点研发和示范一批水资源综合调度、节水、水资源综合利用、水利工程建设、非常规水开发利用等方面的先进技术。以保障水资源安全供给为目标，推广应用先进适用技术，在人工增雨、海水淡化、再生水利用等方面的"开源"技术，以及在水资源调配、地下水调蓄、雨水利用管理等方面的调控技术，推进水工产品和装备的科技创新。

技术创新覆盖领域与重点。发展水资源高效开发利用技术，重点突破水资源的综合配置战略、水工程建设

与运行、安全和应急管理技术、水资源系统智能调度与精细化管理；研发雨洪、海水、再生水、矿井水、微咸水等非常规水资源开发利用技术设备，突破一批关键装备，并在京津冀、长江经济带等经济区加以集成应用。

农村水利基础设施及技术体系。中国农业用水量大、效率低。大兴农田水利，加强水利设施建设，打通农田水利"最后一公里"，提高水源调配能力；以自然河湖水系、调蓄工程和引排工程为依托，因地制宜地实施河湖水系连通工程。提高农村地区集中供水率、自来水普及率、供水保证率、水质达标率；稳步推进牧区水利建设；推进抗旱水源建设，提升区域抗旱应急供水能力。

改善城市供水结构，优化流域区域布局。提高城镇供水保证率和应急供水能力。按"优水优用、就近利用"原则，建设污水再生利用设施；在工业生产、城市绿化、道路清扫、车辆冲洗、建筑施工及生态景观等领域，优先使用再生水；加强应急和备

用水源建设。对地下水超采的城市，开辟新的水源或从外地调水以置换压采地下水。对水质较差的城市，严格划定应急水源地和备用水源保护区，以确保水源安全。

1.3.2　节水和提高水资源效率的技术体系

节水一直放在中国水安全的重要位置。研发前瞻性节水技术，完善节水标准体系，不断提高用水效率，形成水资源节约的空间格局、产业结构、生产方式和消费模式。"十三五"期间，万元国内生产总值用水量、万元工业增加值用水量较2015年分别降低23%和20%。城市公共供水管网漏损率控制在10%以内，城镇和工业用水计量率达到85%以上。农田灌溉水有效利用系数提高到0.55以上，大型灌区和重点中型灌区农业灌溉用水计量率达到70%以上。

农业节水技术体系。中国农业用水占比高，是节水潜力最大的领域。

体现"先节水、后用水"原则，应从耐旱作物、节水（喷灌、微灌）技术、灌溉工程等方面入手，建设一批规模适度、技术先进、管理科学的高效节水灌溉示范工程。

新疆兵团推广膜下滴灌农业节水技术，并在国内推广应用，滴灌作物品种达40多种。该技术还被应用于沙漠和荒坡地的绿化，收到了明显成效（见专栏13-1）。

工业节水技术体系。应研发各具特色的先进适用节水技术；制定重点行业用水定额、开展水平衡测试，进行节水技术优化改造；推广高效用水工艺、循环用水、污（废）水再生利用等工艺和技术、水系统智能管理专家系统等的应用。到2020年万元工业增加值用水量降低20%；规模以上企业（年用水量1万立方米及以上）用水定额和计划管理全覆盖；缺水地区的工业园区达到节水型工业园区标准要求。重点统计钢铁企业吨钢取水量降至3.2立方米/吨，水重复利用率提高到98%以上。

专栏13-1　新疆天业集团发展节水农业膜下滴灌技术

膜下滴灌技术，是在滴灌带或毛管（软胶管）上覆盖一层地膜以减少水损耗的滴灌技术。从某一水源取水过滤（以免泥沙堵塞滴水孔）后，进入可控的输水干管—支管—毛管系统，均匀、定时、定量地、一滴一滴地滴到作物根系；当作物要施肥时则将肥料与水充分混合形成肥水溶液后再滴灌。

新疆兵团天业集团以膜下滴灌技术应用为平台，将灌溉、施肥、施药、栽培、管理等一系列节水农业技术措施融为一体，提升了农业技术水平。

与传统的灌溉方式相比，膜下滴灌技术应用，不仅减轻了劳动强度，提高了农业劳动生产率，还使"农业产业化"逐渐成为现实。

摘自：林家彬、周宏春：《膜下滴灌农业节水技术引领农业生产方式重大变革》（国务院发展研究中心调查研究报告摘要2013年第153期）。

城镇节水技术体系。目标是城市公共供水管网漏损率控制在10%以内，缺水城市再生水利用率达20%以上；新建公共建筑和新建小区节水器具全覆盖；地级及以上缺水城市全部达到国家节水型城市标准。一是推广普及节水器具。鼓励老旧居民小区自主改造。新改扩建项目全部使用节水器具。二是抓好居民小区和公共机构的漏损控制和改造，对居住小区，鼓励开展独立分区计量（DMA）管理。三是实施建筑物或小区雨水利用工程，推动生态净化或储存设施建设改造。四是开展公共建筑或居住小区中水利用工程或设施建设。单体建筑面积超过一定规模的新建公共建筑应安装中水设施，洁厕、扬尘抑制等优先使用中水。

1.3.3 水污染治理与生态保护技术体系

整合现有科技资源，开展水环境基准、水污染对人体健康影响、水环境损害评估、再生水利用等基础研究

和前瞻技术研发。推进水污染治理先进技术和装备，规范环保产业市场，推进先进适用技术和装备的产业化。

治污减排工程建设。以提供环境问题系统解决方案、发展环保技术体系为目标，推进水环境监测预警技术、流域水环境治理技术，形成源头控制、清洁生产、末端治理和生态环境修复的技术体系。加快研发废水深度处理、生活污水低成本高标准处理、海水淡化和工业高盐废水脱盐、饮用水微量有毒污染物处理、地下水污染修复、危险化学品事故和水上溢油应急处置等技术。加强重要水体、水源地、水源涵养区等水质监测与预报预警技术体系建设；突破饮用水质健康风险控制、地下水污染防治、污废水资源化与安全利用等关键技术。

城市黑臭水体治理。受排污集中、截污不够、流量不足、以及规划不合理等因素影响，城市水体普遍污染较重，甚至发黑发臭。治理城市黑臭水体，一是要坚持目标导向，落实截污优先、治理为本、系统治理等要

求。二是坚持问题导向，实施"一河一策"，解决城市建成区污水直排问题。三是坚持工程建设与长效管理两手抓，创新工程运营维护模式。四是严格考核，开展城市水环境状况排名，定期向社会公布城市黑臭水体清单与治理进程。

重点行业污染治理。制定并实施造纸、印染等十大重点涉水行业专项治理方案，大幅度降低污染物排放强度。以燃煤电厂超低排放改造为重点，对电力、钢铁、建材、石化、有色金属等行业，对二氧化硫、氮氧化物、烟粉尘以及重金属等多污染物实施协同控制。制定专项治理方案并向社会公开，对治理不到位的工程项目公开曝光。

重点流域水污染防治。持续推进城乡环境整治。以南水北调沿线、三峡库区、长江沿线等重要水源地为重点，推进城镇污水、垃圾处理设施和服务向农村延伸，开展农村厕所无害化改造，推进农村污水处理统一规划、建设、管理。

畜禽养殖污染治理。随着中国畜禽养殖业的迅速发展，出现布局不合理、畜禽粪便未经处理直接排放等问题；畜禽粪便成为湖库水体富营养化的源头之一。要按"调布局、建设施、促利用"的全过程控制思路，实施养殖场清洁生产及粪污资源化利用，减少对水环境的污染。农村污水则以生物处理为主。

从2013年起，桑德集团公司与长沙县政府签订特许经营协议，将村镇中小污水处理项目"打包"成一个项目，提供一体化解决方案，见专栏13-2。

地表水及地下水污染协同控制。中国地下水污染事件频发，应系统考虑地表水和地下水污染的协同防治，改变"头疼医头、脚痛医脚"局面。

自2013年起，浙江省全面推进治污水、防洪水、排涝水、保供水、抓节水（所谓的"五水共治"），逐一制定污染河道整治方案，实行"河长制"，并接受群众和媒体监督。

专栏13-2	村镇污水处理的SMART长沙模式

　　"SMART长沙模式"是：S（small）规模小、占地节省，M（modular）模块化、多功能，A（automatic）自动化，R（rapid）建设周期短，T（technology）设备化。

　　在长沙项目中，桑德采取了与政府联合投资PPP，对16个乡镇污水处理厂（规模29400吨/日）的投资、建设、运营、移交（BOT）和管网配套建设工程的建设、移交（BT）以及已建2个污水处理厂（规模为5000吨/日）的托管运营（O&M），即提供了18个乡镇污水处理厂从设计、投资、设备采购、安装、运营到维护的"一站式服务"。

　　桑德集约化、智能化的运营方式，不仅保障了村镇污水处理设施长效运行、节约运行维护资金，也便于主管部门对设施运行管理责任主体的监管。

引自：2014，桑德SMART小城镇污水系统解决方案以及长沙项目实地调研。

1.3.4　信息技术及其在中国水治理中的应用

　　中国涉水数据存在项目不全、覆盖不广、序列不够长、条块分割等问题。涉水数据信息涉及水利（水务）系统，自然资源、农业、环保、气象等部门，以及企业、公众和经济社会发展数据。缺乏数据库建设的通用标准，数据格式、技术路线不统一，"数据孤岛"多。部际数据交换和共享机制不健全，即使部门内部也缺乏正常的共享机制。

　　中国信息平台难以支撑水治理需求。突破水安全大数据共性关键技术，建设数据开放共享的标准体系，建成全国统一、规范和共享的水信息平台，进而形成由政府、企业、用户和协会等多方参与的社会治理结构，十分迫切和必要。

将信息技术用于水治理，许多企业进行了有益探索，智能化管网管理系统在上海世博园的应用就是其中的一个案例（专栏13-3）。

推进水利信息化。充实调整水文测站，优化完善水文站网布局和功能，加强水土保持监测网络、重要水功能区和主要省界断面水质水量监测体系建设，提升水文巡测、水质分析和水文信息处理服务能力，建立手段先进、准确及时的水资源、水环境、水生态及城市水文监测体系。

建设水文水资源数据库。完成水资源监控管理系统建设，建立覆盖城镇和规模以上工业用水户、大中型灌区取水计量设施和在线实时监测体系。大力推进水利信息化资源整合与共享，建立国家水信息基础平台，提升水利信息的社会服务水平。加强水利信息网络安全建设，构建安全可控的水利网络与信息安全体系。

专栏13-3 智能化管网管理系统及其在上海世博园的应用

在2010年上海世博会期间，为确保直饮水供应、水质和供水安全，上海浦东威立雅公司将控制中心、检测中心和客户呼叫中心整合为一体化中心。

问题定位。地理信息系统（GIS）对呼叫中心数据库的任一客户投诉或SCADA系统发现的任何水质问题进行定位。既可向上溯源分析问题的发生所在位置和原因，也可以向下游预测可能出现的后果，以有助于排除下游故障的每一次管网养护作业（冲洗、修理、阀门维护等）。

在"三中心合一"架构服务于世博园取得成功之后，威立雅将这一经验运用到了欧洲的一些供水项目上面，对于提升当地的客户服务和应急管理能力收到了明显效果。

注：案例材料由黄晓军、张啸渤等提供。

以公共安全为导向，聚焦气象灾害、水旱灾害、海洋灾害等自然灾害理论问题，开展重大自然灾害监测预警、风险防控与综合应对关键科学技术研发和集成应用示范。加快推进国家防汛抗旱指挥系统、山洪灾害监测预警系统、大型水库大坝安全监测监督平台、覆盖大中小微水利工程管理信息系统和水利数据中心等应用系统建设与整合，提高综合决策和管理能力。加强城市气象和水文信息监测和预警系统建设，提高暴雨、洪水预测预报的时效性和准确率。完善防洪和排涝应急预案，加强城市内涝和洪水风险管理，提高气候变化应对能力。

加强生态环境监测网络系统建设，建立智慧环保和技术支撑体系。建设布局合理、功能完善的覆盖大气、水、土壤等要素的全国环境质量监测网络。大气、地表水环境质量监测点位总体覆盖80%左右的区县，人口密集的区县实现全覆盖，土壤环境质量监测点位实现全覆盖。

提升水文信息服务能力和水平。

加强水信息开发利用，提高大气环境质量预报和污染预警水平。建设国家水质监测预警平台。加强饮用水水源和土壤中持久性、生物富集性以及对人体健康危害大的污染物监测。加强重点流域城镇集中式饮用水水源水质、水体放射性监测和预警。建立天地一体化的遥感监测系统，实现环境卫星组网运行，加强无人机遥感监测和地面生态监测，为环境污染控制、质量改善和环保产业竞争力提升等提供信息基础和科技支撑。

1.4 结论与建议

1.4.1 主要结论

水治理技术创新，可分为水资源、水环境、水生态、水灾害、水管理等五个领域；还可以分为硬的技术创新和软的制度保障两个层面。先进技术均可以在中国找到应用案例。

技术进步可以改变水资源的分布

特征，如人工干预改变降雨的时空分布、海水淡化改变沿海地区和岛屿的缺水现实、中水利用改变城市的用水结构等。

水资源配置技术（如调水）应重视经济性、项目的可持续性。节水、特别是农业节水使得灌溉效率有了较大提高；但潜力依然巨大。在未来较长时间内，节水技术的研发和推广应用，仍是重要任务。

中国水污染治理出现许多模式，如黑臭水体治理、农村分散源的生物治理等（专业化和规模化）；加强技术集成（如水处理概念厂）和适用性，在取得经验的基础上加以推广。浙江"五水共治"本质是形成协同效应，应加以推广。

现有水信息平台，包括政府、企业两个层面，尚存在信息共建共享难问题。水治理的技术和信息平台建设，需要加大投资力度，并有配套政策。

1.4.2 水治理技术创新的思路与原则

坚持科技创新与民生福祉改善相结合，把增进人民福祉、促进人的全面发展作为水治理工作的出发点和落脚点，着力解决群众最关心最直接最现实的防洪、供水、水环境污染治理、水生态改善等方面的问题，使广大人民群众共享水利改革发展成果。

统筹兼顾，提高效率。既要考虑当前也要兼顾长远，既要解决存量又要把握增量，完善水利基础设施，兼顾节水与治水、地表水与地下水、淡水与海水、好水与差水的相互关系，统筹安排好生产、生活、生态用水，以控制用水总量、提高用水效率、保障生态用水，全面推进山水林田湖保护、治理和修复。以流域为单元强化整体保护、系统修复、综合治理为主，抓好重点污染物、重点行业和重点区域，改善水环境质量。合理安排闸坝下泄水量和时段，维持河湖生态用水。

问题导向，改善水质。以改善水

环境质量为核心，全面控制污染物排放，构建水量、水质、水生态、水灾害、水管理等统筹兼顾、多措并举、协调推进的格局。以取缔"十小"企业、整治十大污染行业、治理工业集聚区、防治城镇生活污水等为重点，深化减污工作；划定大型牲畜禁养区，实现牲畜粪便污水的资源化利用；加快农村环境综合整治、加强船舶港口污染控制。通过对污染物排放总量做减法，削减工业、城镇生活、农村农业排污总量。

依法治水，科学管水。完善水法治体系，强化标准、政策、规划对涉水活动的指引约束作用；依法加强河湖监督管理和水资源水环境管控，消灭劣V类水体，保障饮用水安全。工程措施与管理措施并举。工程措施着眼于"以项目治水洁水"，管理措施着眼于"用制度管水节水"。加强对群众意见大、公众关注度高的小沟小汊治理，公布黑臭水体名称、责任人及达标期限，实施重点流域水质考核问责制度。

1.4.3　若干建议

1.4.3.1　强化水利科技支撑

健全科技创新体系。加强水文气象基础设施建设，优化站网布局，加快应急监测能力建设。力争在重点领域、关键环节和核心技术上实现新突破，获得一批具有重大实用价值的研究成果，加大技术引进和推广应用力度。提高水利工程技术装备水平。

1.4.3.2　全面强化依法治水、科技兴水

全面加强水治理的法治建设，加快水行政管理职能转变，强化涉水事务社会管理，切实提高依法治水管水能力。推进重点领域立法。加快出台《节约用水条例》《地下水管理条例》等法规，开展《水法》《防洪法》修订研究。建立健全公开征求意见、专家咨询、立法后评估等制度，提高水治理立法质量。

健全技术标准体系。加强基础通

用和产业共性技术标准研制。提高生产环节和市场准入的环保、节能、节水、节材、安全指标及相关标准。推行标准"领跑者"制度，统筹推进科技、标准、产业协同创新。充分发挥行业协会的作用，提升中国水治理标准影响力。

加强水行政综合执法。健全水政监察人员持证上岗和资格管理制度。全面落实执法责任制。完善行政执法程序，健全执法裁量基准制度，建立执法全过程记录制度和重大处罚决定合法性审查机制。加大日常执法巡查和现场执法力度，依法打击和处罚水事违法行为。

1.4.3.3　实行最严格的水资源管理制度

建立用水总量控制和效率控制制度。确立水资源开发利用控制红线，建立取用水总量控制指标体系。严格取水许可审批管理，对取用水总量达到或超过控制指标的地区，暂停建设项目新增取水审批；对取用水总量接近控制指标的地区，限制新增取水。严格地下水管理和保护，实现采补平衡，协调好生活、生产、生态环境用水，提高水资源利用效率。建立水功能区限制纳污制度。从严核定水域纳污容量，严格控制入河湖排污总量。对排污量已超出水功能区限制排污总量的地区，限制审批新增取水和入河排污口。

1.4.3.4　创新水治理体制机制

加大重点领域和关键环节改革攻坚力度，推进水价、水权、工程投融资机制和建管体制改革，着力构建系统完备、科学规范、运行有效的水管理体制机制。

建立农业用水精准补贴和节水奖励机制。全面推进城镇供水水价改革。全面实行城镇居民用水阶梯价格制度、非居民用水超定额累进加价制度，拉开高耗水行业与其他行业的水价差价。建立鼓励非常规水资源利用的价格激励机制。建立水生态补偿机制。

拓宽融资渠道，缓解地方筹资压力。积极争取拓宽水利建设项目的抵（质）押物范围和还款来源，允许以水利、水电资产及其相关收益权等作为还款来源和合法抵押担保物。鼓励和支持符合条件的水利企业上市和发行企业债券，扩大直接融资规模。

加大国情水情宣传教育力度，提高全社会的水忧患、亲水护水意识，凝聚社会共识，激发开发保护热情。加强人才、队伍和能力建设，构建完善的基层水治理专业化服务体系，形成治水兴水合力，建设节水型社会。

1.5　致谢

对课题组在调研过程提供规划、政策文本资料，提供各种便利的福建科技厅、新疆建设兵团以及天一集团、碧水源、桑德和威立雅等企业和相关人员表示由衷的感谢！

（周宏春，国务院发展研究中心社会发展研究部原副巡视员、研究员；黄晓军，威立雅集团中国区副总裁）

专题报告十四
中国水治理引入PPP模式研究

王亦宁　王贵作

1.1　背景与必要性

中国从20世纪90年代开始在城市自来水领域引入PPP模式（public-private-partnership）。进入新世纪，城市水务（包括城市供水、排水、污水处理及回用）市场化进程逐步加快，各类社会资本纷纷参与城市水务设施的建设和运营。

中国水治理引入PPP模式总共经历了四个阶段：①第一阶段：起步阶段（20世纪90年代中期~2001年）。以各地自主实践为主，以引资为主要目的（特别是大量引入外资），解决城市水务设施（主要是自来水厂）建设滞后问题。②第二阶段：快速发展阶段（2002~2008年）。国家在政策层面上确立了市政公用行业市场化和水务市场化改革。各类民资、外资、上市公司蜂拥而入，水务基础设施水平和服务能力在短时间内实现较大飞跃，初步形成了投融资主体多元化、多种经济成分并存、共同竞争的格局。③第三阶段：调整阶段（2009~2013年）。城市水务市场化出现质疑和争议，步伐减缓。同时，政府投资大扩张开始，包括水务投融资公司在内的各种城市建设和基础设施项目的政府投融资平台大量涌现，推动中国城市基础设施新一轮跃进。虽仍有民间资本参与，但未形成规范的运作体系。④第四阶段，二次启程阶段（2014

年～）。2014年开始，中央全面清理地方债和地方融资平台。在规范政府的投资行为的背景下，强调政府的归政府，市场的归市场。中央出台一系列推动PPP模式实施的政策性文件，PPP迎来大发展的风口。对水治理来说，不仅是传统的城市水务领域，在水利工程建设和运营、水环境治理、农田水利等领域引入PPP方面也有重大政策突破，迎来快速发展的契机。但具体发展走势如何，仍有待观察。

通过PPP模式的实践，各地水务行业广泛引进外部资金、先进的管理经验和技术，达到促进水务事业发展和提升服务水平的目的。未来，通过PPP模式的实践，对促进水公共设施建设和运行机制改革，提升公共水服务效率和水平具有重要意义。但另一方面，PPP模式改革的目标、方向、路径等问题仍需要深入探索，要处理好增加设施供给、提高运营效率、改善服务水平、保障涉水安全等多方面的关系，稳步推进PPP运作。基于此，开展本课题研究。

1.2　研究目标

本研究旨在分析水治理领域引入PPP模式的内在机理，分析中国PPP实施环境及其变迁，提出中国水治理领域推进PPP模式改革的对策建议。通过上述研究，推动水安全治理体制机制变革，提升公共水服务运营效率和水平。

1.3　问题/分析总结

1.3.1　中国水治理引入PPP的现状

本文着重总结了重大水利工程、水环境治理、城市水务、农田水利四个领域引入PPP模式的基本情况。

第一，在重大水利工程领域。中国综合考虑地方积极性、项目收益能力、前期工作进展等因素，由国家发展改革委和水利部首批确定了12个重大水利工程PPP试点项目，分别为黑龙江奋斗水库、浙江舟山大陆引水三期、安徽江巷水库、福建上白石水库、广东韩江高陂水利枢纽、湖南莽山水库、重庆观景口水库、四川李家岩水库、四川大桥水库灌区二期、贵州马岭水利枢纽、甘肃引洮供水二期工程、新疆大石峡水利枢纽工程等。此外，陕西、甘肃、江西、浙江等省份也结合当地实际，开展了水利项目PPP模式的实践探索。

第二，在水环境治理领域。截至2016年9月，国家发改委共向社会公开推介三批PPP项目，其中水污染防治PPP项目约17个，涉及金额约200亿元。

第三，在城市水务领域。引入PPP的历史较早，发展程度较高，截至2011年，中国水务市场中涉及私人资本投资的项目共有309个，投资总额达到82亿美元，分别占全球水务市场的58%和23%；私人资本进入水务行业的方式里，BOT依然是绝对主流。

第四，农田水利领域。受制于农田水利设施产权制度建设滞后、农田水利投入大收益低等因素，农田水利PPP项目还处于探索阶段，项目数量少、规模小。大禹节水集团股份有限公司在云南陆良恨虎坝实施了全国首例引入社会资本投资农田水利建设试点项目，该项目建成1.08万亩"水肥一体化"智慧水利滴灌示范区。

1.3.2　中国水治理引入PPP模式存在的主要问题

一是对水治理引入PPP的认识和执行存在偏差，一定程度上背离PPP初衷。从初始目的来看，PPP的运作往往是为了解决财政资金短缺，但如果仅以此为目的，不注重后续的一系列监管、绩效考评、政策目标平衡等，则项目很难长效运营，最终半途而废。PPP的本质不是私有化，而是合理平衡政府和市场的关系，通过政府和社会资本之间的通力合作，实现最大效益。改革的根本目的是促进政府提供公共服务方式的转变，提高运营效率和公共服务水平。

二是水治理规划难以统筹，影响PPP项目质量。长期以来，中国的水治理存在所谓的"九龙治水"。通过一些地方的调研也了解到，由于各相关部门各自组织推介涉水的PPP项目，难以统筹规划，质量参差不齐，使得不能有效整合而发挥规模效应和规模效益，还可能给项目后续建设运营带来较大不确定因素。从根本上讲，九龙治水的症结并不在于管理职能分散，这仅仅是表象。无论涉水事务由一个部门管理，还是由多个部门管理，核心目的是要实现各项涉水事务从规划到建设、运营各环节的统筹谋划和有机衔接。解决"九龙治水"问题，关键是要健全水治理的决策、监督、执行机制，而不仅仅是将部门职能简单归并整合。

三是PPP相关政策法规支撑不足。由于我国特殊的国情，从目前而言，PPP模式与我国现行法律法规及项目审批、投融资机制之间是存在矛盾的。最核心的问题是，PPP实践中政府同时扮演着参与者和监管者的角色，既受行政法约束也应当受民法约束。但我国的相关政策倾向于将PPP合同仅界定为公法性质。此外，随着PPP模式适用范围的迅速扩大，水治理PPP运作衍生的其他合法合规问题，如土地资源配置、国有资产管理等，也在不断暴露。现在的规范性文件不足以解决这类矛盾，必须推动立法及配套法规制度建设。

四是水治理PPP项目盈利可持续性不足。一些地区是出于上级政策要求，或是受制于资金困难而开展PPP。因此，财力较好的地方对推进PPP积极性不高，财政较差的市县将收益较好的项目留住不愿推介给社会资本，导致推介出来的项目质量普遍不理想，不具备盈利的可持续性，社会资本方进入的热情不高。进一步看，不少水治理项目收费机制不健全，社会资本运作的基础条件不具备。这些项目要更多通过政府补助、土地资源配置、相关经营性项目组合、贷款贴息、公益性支出补偿、税费减免等手段提升可盈利性，否则难以长效运营。但相关优惠政策能否到位，能否持续，会不会由于政府换届而取消，这都是社会资本顾虑的问题。

五是水治理PPP项目的专业化运作体系有待加强。实施PPP要求一套健全完善的专业运作体系。在项目识别、项目准备、项目采购、项目执行、项目移交等五大环节中，涉及大量评估、论证和合同条款谈判。项目性质的差异、资金来源的多样性，参与主体的多元化和政策要求日趋严格，使得国内水治理引入PPP运作变得愈发复杂。需要结合不同水治理项目的特征，决定是否采取PPP模式，以及选用哪种PPP模式，合同条款也要根据每一个项目背景和条件的不同而具体研究和设定。但客观地说，当前既限于咨询和支撑能力的落后，也存在急功近利心态的影响，一些地方的水治理PPP项目没有经过充分论证和周密前期准备即匆匆上马。专业化不足严重影响PPP的运作质量。

六是水治理PPP监管体系建设滞后。水治理不同于一般的商品生产和服务，它需要庞大的初始沉淀资本投入，后期运营的技术和管理体系复杂，获取监管所需的全面信息十分困难。上一轮城市水务引入PPP的改革，一大诟病是重融资、重建设而轻运营、轻监管。如果不能配合以健全的政府监管体系，则引进PPP非但不能达到预期目的，反而引起更大的负面效应。正因此，水治理PPP运作要十分凸显监管体系的重要性，要实现对PPP运营企业的"全方位绩效考核"与"全生命周期监管"。

1.3.3 水治理引入PPP的盈利方式分析

PPP项目的盈利模式是一个广泛受关注的问题。大部分基础设施和公共服务项目，都不可能是完全经营性的，而是非经营性和准经营性的，需要政府付费，或是以消费者付费为主但政府仍要给予适当补贴。无论是政府部门还是社会资本，仅仅盯着这一项目既有的收益和财政补贴是不够的，必须通过创新盈利模式来解决投资回报率问题。按照国内已有的相关研究，盈利模式主要有以下几种。第一，优化收益结构。包括：增补资源开发权，弥补收益不足；授权提供配套服务，拓展盈利链条；开发副产品，增加收益来源；冠名公共产品，增值投资者的声誉资本。第二，优化成本结构。包括：对项目适当分割，对部分工程（与运营成本及效率密切相关的）采取PPP模式；打包运作形成规模效应，降低单位产品成本；进行管理或技术创新，降低运营成本。第三，稳定目标利润。包括：将盈亏状况不同的产品捆绑，提高目标利润的可持续性；运营前期合理设定保底量，提高目标利润的稳定性。

一般认为，社会资本参与水治理的投资和运行模式，主要由水治理项目的投资规模和盈利能力（是否具备价格收费机制和拓展盈利模式的可能）来决定。价格调整机制灵活、具有一定市场化程度的水基础设施及公共服务类项目可由政府授权社会资本单独出资并建设运营；如果投资规模巨大，则社会资本单独出资较为困难，需要政府出资，政府和社会资本共同组建项目公司；而针对缺乏收费机制的纯公益性项目，则更适宜采用政府购买服务的方式。按照经营性质由强到弱，可分为以下四种模式。

1.3.3.1 具有稳定的收费机制且基本能满足成本回收要求的项目

诸如城市自来水、污水处理等。这类项目的投资额度在社会资本的承受范围内，并能够通过使用者付费来维持稳定运营，产生一定收益，对社会资本具有较强的吸引力。政府可采用BOT、TOT、BOO等多种特许经营方式，推动社会资本进入该类项目领域。但客观地看，由于目前水价普遍不到位，对一些供水和污水处理项目吸引社会资本仍造成阻碍。因此，要不断完善水价形成机制，水价水平要能够覆盖建设运营成本并能产生合理收益。

在水价调整到位前或者不宜调整水价的项目，政府可以通过给予适当的优惠政策保障、授权提供配套服务、开发副产品等多种方式，弥补基本运营成本，提高盈利能力。

1.3.3.2 具有稳定收费机制但投资额巨大且承担较强公益任务的项目

诸如重要水源工程、引调水工程等。这类项目投资规模巨大、成本回收期长，虽然也具有较稳定的收益来源，但整体上风险较大，长期投资回报难以保证。而且这类项目对国民经济具有战略性、基础性作用，要承担较强的公益性任务，政府不能完全退出。可采取政府与社会资本共同出资的方式，成立项目公司作为项目法人，由项目公司负责工程建设和运营。社会资本的盈利方式可以有以下几种。

第一，通过正常的水价调整方式保障项目公司的基本合理收益。第二，社会资本出资参与工程中经营性较强的一部分，其他部分由政府出资。第三，政府给予财政补贴、税收优惠、增补资源开发权等政策优惠。

1.3.3.3 收费机制较弱，且投资主体和受益群体重合的项目

主要指农田水利项目。比如对于受益群体明确且集中的节水灌溉工程、小型农田水利工程等项目，可采取由农业企业、农场、农户等共同出资设立股份公司作为项目公司的方式，负责工程的建设和运营，由政府提供奖励和补助资金。参股的农业企业、农场和农户等是水利设施的所有者和受益者，将会自觉地促进水利设施的良性运行。

1.3.3.4 缺乏收费机制的项目

适用于纯公益的水治理项目，包括防洪、水生态环境治理等。此类项目主要发挥社会效益，不具备直接的经济效益，具有明显的公共产品特征：难以确定项目产品（服务）的合理价格水平；存在"搭便车"现象，难以确定收费对象，征收成本也较高。正是由于这些特点，这类项目主要靠财政支出承担。

可通过政府购买服务的方式为社会资本提供合理回报，吸引社会资本，实现专业化建设和运营。还可采取一些方式，进一步提高这类项目的资本回报吸引力，诸如：对若干个小项目打包运作，形成规模效应，降低单位产品成本；冠名公共产品，增值投资者的声誉资本。

立法的重点集中在构建统一的市场准入、市场竞争和市场监管规则，明确政府审批权限和流程、政府部门和私营企业的核心权利和义务、合同框架和风险分担原则、退出机制和纠纷处理机制、财政规则与会计准则、政府监管与公众参与制度等。立法还要明确规定政府为防范重大水安全风险而采取非常态介入和干预的条件、手段和程序。

1.4　结论与建议

一是加强水治理统筹规划，提升PPP项目质量。将水治理综合规划和防洪、治涝、灌溉、航运、供水、水力发电、水生态治理、水土保持、节约用水等专项规划相结合，构建完善的水治理规划体系。在此基础上，充分整合水治理项目，发挥规模效应，实现综合效益最大化，提升水治理PPP项目质量。

二是完善水治理PPP立法，健全PPP市场规则体系。在国家层面上尽快制订水治理PPP的专门法律法规。

三是建立健全水治理公共财政支持体系和公共服务购买制度。加大政府公共财政支持水利发展力度，改革公共财政筹资方式和投入方式。明确政府筹资责任，根据不同水服务的性质和特点来确定消费者直接付费和政府间接付费的比例。从上到下理顺和整合涉水项目公共财政资金渠道，平衡中央和地方财政责任与财力，明确各级财政对涉水项目的投入重点和领域。变革公共财政投入方式，财政资金从支持项目更多转变为购买产品和服务，将财政支持与水公共服务效果挂钩，积极发展政府在各类水服务产品和交易市场的公开采购。

四是大力培育专业化水务运营主体。清晰界定政府与企业各自应负的责任以及各自应承担的风险，在逐渐完善水公共设施政府投入支持、水公共服务政府购买制度的基础上，建立相应的水务企业绩效评估和奖惩制度。水务企业（运营者）与政府（监管者和服务购买者）分别作为独立主体运作，企业提供优质服务时应获得足额成本费用补偿并获得奖励，企业提供的服务不合格时应受到相应处罚，促进城市水服务水平和运营效率的不断提高。

五是完善优惠政策体系，提升水治理PPP项目盈利能力。加强顶层设计，在PPP项目涉及的财政、投资、融资、价格、市场准入、服务质量监管等多个环节，完整相关优惠政策体系，提高水治理PPP项目盈利能力。一是根据项目性质，综合考虑建设成本、运营费用等因素，对水治理项目维修养护和管护经费给予适当补贴，合理确定财政补贴的规模和方式。二是挖掘配套项目资源、授权提供配套服务、开发副产品等方式，如土地资源、旅游资源、物业资源、林业渔业

资源等，作为必要的运行补偿，提高项目吸引力。三是合理优化项目内容和结构设置，包括：对大项目进行适当分割，按功能、效益对投资进行合理分摊，部分内容采取PPP模式；对小项目打包运作形成规模效应，降低单位产品成本；将盈亏状况不同的产品捆绑，平衡利润目标。

六是健全专业监管体系，加大水治理PPP服务监管力度。PPP项目建设过程中，相关部门要对规划、招投标、政府采购、合同订立、施工安全等环节实施跟踪监督。项目实施过程中，相关部门要加强对企业的行业监督管理，建立对企业经营管理质量的绩效考核体系，加强对水务企业成本、产品和服务质量、运行安全、应急处置等方面监管。加强信息公开，提高项目的透明度。充分发挥社会中介机构和专业机构的作用，委托进行采样取证、现场稽查、检查评估等工作，加强监管的专业性、独立性以及公信力。

七是整合水务产业结构，培育跨区域大型水务集团。未来伴随着我国

新型城市化进程的加快，水公共产品和水公共服务的需求必将迎来一个快速发展期。一方面，大规模供排水管网改造将对相关市场形成强力拉动，另一方面，一些潜在的新兴环保和资源节约利用产业，如节水灌溉、雨水利用、再生水利用、海水淡化、污水治理等，必将带来水治理产业发展新的增长点。水务产业发展，要以一批上规模、经验丰富的水务集团作为基础。建议各地政府积极创新制度和政策，以市场为主导，以资本结构的调整拉动产业整合，并鼓励和引导金融机构进一步增加水务建设信贷支持，促进水务企业迅速壮大，加快在我国形成一批资本雄厚，股权清晰，具有现代企业治理结构，达到一定国际影响力的水务集团。

八是强化水治理PPP风险防范和管控。在政府公共部门与私人部门之间合理分担风险，政府承担法律政策变更等风险，社会资本承担项目建设、运营过程中的成本、工期、服务质量等方面的风险。事前对水治理PPP项目的风险进行合理的评估，根据项目进展变化适时进行调整。建立和完善失信惩罚机制，完善信用记录体系，防范和化解信用风险。鼓励信托公司、保险机构参与水治理PPP项目，降低水治理PPP项目投资风险。

1.5 致谢

本课题在开展研究过程中，得到了世界银行、国务院发展研究中心、水利部、中国水科院、中国科学院地理科学与资源研究所等单位的热情帮助，专家们对报告提出了很好的修改意见，使报告更加完善。在此对各位专家的帮助表示真诚的感谢。由于本课题涉及的内容领域较新，需要大量的实践经验支撑，加之时间紧、任务重，水平有限，报告中难免有错误和疏漏及诸多不完善的地方，敬请各位专家进一步批评指正。

———————

（王亦宁，水利部发展研究中心高级工程师；王贵作，水利部发展研究中心高级工程师）

专题报告十五
中国水治理体系的综合研究与系统设计

谷树忠　张　亮

1.1　中国水治理体系的设计须充分考虑系列宏观背景与影响因子

1.1.2　中国水治理体系设计的主要背景

（1）中国经济发展已经进入新常态并正在寻求新动能，培育壮大经济发展新动能，加快新旧动能接续转换已经成为经济能否实现可持续发展的关键因素。

（2）中国正致力于并即将在全国全面建成小康社会，全面建成小康社会和跨越中等收入陷阱均需要水治理。

（3）中国正致力于国家治理体系与能力现代化建设，推进水治理体系建设关系到生态治理的成败。

（4）以建设美丽中国为目标大力推进生态文明建设。

1.1.2　中国水治理体系设计的系列影响因子

（1）水因子：水资源供需；水环境；水生态；水工程；水关系。

（2）经济因子：经济持续增长；经济结构调整；水治理投资能力增强。

（3）社会因子：社会转型—资源节约、环境友好、生态保育型社会正在形成—节水型社会建设。

（4）政府因子：政府力量强大。政府机构改革。

（5）市场因子：市场力量加强。市场发育不平衡。

（6）制度因子：生态文明体制改革——《生态文明体制改革总体方案》；涉水制度体系建设。

1.2　中国水治理体系系统设计的主要目标与要求

中国水治理体系系统设计的主要目标应包括以下五个方面。

首先，中国水治理应贡献于国家治理体系与能力建设。水治理在中国国家治理体系中的地位与作用。中国历史上，治国与治水始终紧密相连，

从某种意义上说，中华民族几千年的历史其实就是一部治水史。现阶段，治水仍然与执政有着紧密的联系，水治理在中国国家治理体系中仍占据重要地位。提升水治理能力与水平。治水能力与水平，是从古至今考量官员成绩的一项重要标准。近年来，国家将治水放在更加重要的位置，治水能力与水平得到较大提升，但离现实需要仍有较大差距，亟须提升。

其次，中国水治理应贡献于生态文明及其制度建设。水治理体系建设是生态文明及其制度建设的重要组成部分。设计水治理体系需要在产权制度、开发保护、规划、总量控制和全面节约、有偿使用和生态补偿、环境治理体系、环境治理和生态保护市场体系、绩效评价考核和责任追究等方面针对水资源领域建立健全相应的制度体系。

第三，中国水治理应着眼于提升国家和区域水安全保障能力与水平。所谓水安全，是指一个国家或地区可以保质保量、及时持续、稳定可靠、

经济合理地获取所需的水资源、水资源性产品及维护良好生态环境的状态或能力。主要包括水资源安全、水环境安全、水生态安全、水工程安全、集中供水安全、国际水关系安全。提升水安全能力与水平是水治理体系设计的重要目标之一。

第四，中国水治理应重点关注改善中国人民的长期福祉。减少洪涝与干旱灾害及其影响。提高城乡居民饮水安全水平。改善城乡人居水环境水生态。

最后，中国水治理应着眼贡献于区域与全球的水治理。贡献于区域水治理：经验、模式与能力。贡献于全球水治理：经验、模式与理念。

1.3 中国水治理体系系统设计的原则与标准

中国水治理体系的系统设计应遵循如下五个方面的基本原则：兼顾公平性与有效性；兼顾继承性与创新性；兼顾统一性与差异性；兼顾独立性与系统性；兼顾主导性与参与性。

中国水治理体系的系统设计应坚持如下判别标准：水资源保障程度；水生态环境质量；水灾害及其损失；水冲突事件发生；水资源资产价值：结合自然资源资产负债表编制；公众涉水满意度；水治理综合成本。

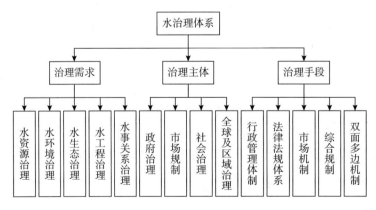

图15-1　基于多视角的水治理体系总体框架示意图

1.4　中国水治理体系的基本框架设计与构建

1.4.1　中国水治理体系的基本框架

中国水治理体系的总体框架。从治理领域、治理主体和治理手段等方面，系统设计中国水治理体系。

1.4.1.1　基于治理需求领域的框架设计

基于治理需求领域，水治理体系应由水资源治理、水环境治理、水生态治理、水工程治理、水事关系治理五部分组成：

（1）水资源治理。主要从水资源的开发、利用、节约、保护着手，重点包括：用水总量控制制度的完善与考核（包括初始水权的设定等）、编制重点区域的水资源开发利用保护规划、制定重点区域的地下水取用管理办法（特别是地下水超采区），水价形成机制的改革、水资源费标准的调整与管理机制、推进水资源费改税、取水规范管理、供水水质管理、节水制度建设、加强水资源与城市化工业化协调发展的体制机制建设等。

（2）水环境治理。应从污染物减排和环境修复两个方面着手，重点包括：完善水环境监测网络体系、制定污水排放的限制与监管标准及办法、提升水污染治理的技术保障、全面推进重点流域的水环境综合治理、集中饮用水源地的环境综合治理、推进城市黑臭水体综合整治、排污费的标准调整与征收规范化管理、污水处理企业的市场化改革、水污染的第三方治理制度建设；建立促进再生水利用的制度体系等。

（3）水生态治理。主要是有重点地加强水生态的保护与修复，实现并维持良好水生态的状况。重点包括：建立对水生态情况的监测体系（包括蓄水情况、水土保持情况、湖泊湿地修复、水生生物情况等指标）；制定地下水超采区的生态保护与修复的制度；饮用水水源地及重点水域和湿地保护的生态补偿机制；加强水土保持方案编制及行政审批管理；探索合理的水生态投资机制等等。

（4）水工程治理。主要是促进水工程的合理建设与良性运行。重点包括：完善水工程建设的管理制度与技术标准、深化水工程管理体制改革、探索建立合理的投融资机制、制定水利工程的安全管理办法、不断修订水工程管理考核办法等等。

（5）水事关系治理。随着近年来，涉水事件、水事纠纷增多，水事关系治理逐渐成为水治理的重点内容。重点包括：完善属地为主、条块结合的水事纠纷调处机制；制定重点水事矛盾地区的水利规划；要求各地建立重大水事纠纷应急处置预案；建立针对跨界河流的沟通机制等。

1.4.1.2 基于治理主体的框架设计

水治理的主体应包括政府部门、市场主体、社会组织、国际合作组织，从这个层面讲，水治理体系应包括政府治理、市场规制、社会治理（含NGO）、全球及区域治理（双边多边机制）。

（1）政府治理：一是完善政府考核体系，提升提高政府对水治理的重视程度。把水资源开发、利用、节约和保护，以及水环境保护和治理，水生态保护与修复等纳入政府考核体系；二是加快推进涉水行政体制改革，厘清相关部门的职能与责任；三是要加快政府职能的转变，从水治理的微观事务管理更多地转向宏观管理和社会管理。

（2）市场规制：充分发挥市场在资源配置中的作用，主要是解除涉水市场方面的不合理管制，建立健全利用市场促进水治理方面的机制建设。重点包括：扩大水权市场的范围和作用；推进供水企业的市场化改革；污水处理企业的市场化改革、推进第三方的水污染治理；水利工程基础设施建设方面，通过政府和社会合作机制，引入社会资本；水生态修复市场主体引入；建立健全利用市场手段促进节水等等多方面。

（3）社会管理（含NGO）：社会力量的作用体现在多个方面：例如：宣传教育方面、参与监督、技术引导与普及，以及在政府与民众沟通方面的中介桥梁作用，等等。未来，为了促进并增强社会力量参与水治理的效果，需要在健全法律法规、加强社会组织发展、重视民间涉水技术机构的发展、民间参与的规范引导等方面做出努力。

（4）全球及区域治理（双边多边机制）：一是加强对于水资源水环境水生态保护与修复等涉水领域的合作，通过经验交流，直接提升相互间的治理能力与水平；二是对于出现的一些影响水关系的事件，通过及时沟通，利用水关系及时妥善调节处理；三是通过双边多边机制，就一些在水治理方面共同面临的难题进行合作研究与探讨，共同攻克难关，利于参与方乃至全球水资源治理能力与水平的提升。

1.4.1.3　基于治理手段的框架设计

治理手段包括行政手段、法律手段、市场机制、综合规制手段、协商合作机制等多个方面。从这个层面讲，水治理体系包括：行政管理体制、法律法规体系、市场机制、综合规制、双边多边协商合作机制。目前中国在水治理领域，依靠行政手段较多，其他手段应用不足。为此，应重点推进以下工作：水行政管理体制改革、探索制定行政手段利用的领域清单、涉水行政部门的依法行政的监督与管理、完善涉水相关法律体系、细化对涉水违法行为主体的责任追究办法、制定涉水经营性领域的市场化改革推进办法、完善水治理相关的市场基础建设（包括：市场建设、交易规则制定与完善、市场监管等）、完善水治理领域的社会参与办法等。

1.4.2　中国水治理体系构建路线图

构建水治理体系的路线图：

（1）编制水治理体系的总体方案。方案至少包括：各个阶段所要实现的目标；水治理相关的重要基础性制度建设及其实施重点；水治理制度体系基本架构。

（2）明确责任单位及责任清单。结合涉水部门职能，改革或确定现有所涉部门，同时，确定水治理推进的部门间的协调机制。另外，确定各部门的责任清单，要求各部门根据清单制定推进方案。

（3）鼓励各地根据需要，开展相关专项推进试点，同时结合以前一些相关的试点，根据国家的要求，制定各自的推进方案。

（4）明确国家层面的目标考核指标体系，鼓励各地结合实际，制定更为严格的考核标准。

（5）加强督促落实，实施政策效果评估。

（6）根据政策实施效果，不断完善相关政策。

1.4.3　构建水治理体系的时间表

围绕水治理体系构建的关键任务，结合生态文明体制改革的推进，应对水治理体系的构建做出全面部署。

2020年，编制水治理体系的总体方案，加强制度建设，水治理的制度架构基本成型；涉水管理体制改革取得阶段性成果，相互之间的关系进一步理顺；一些政策试点陆续展开；水资源水环境水生态等情况得到初步改善，水治理效果开始显现。

2025年，制定并进一步完善制度体系，构建起系统完整的水治理制度体系；涉水管理体制取得实质性进展；水资源水环境水生态等情况得到明显改善，水治理效果得到明显体系。

2030年，水治理制度体系建设更加完整，构建起合理的涉水管理体制，水治理能力明显增强。

1.5　中国水治理（政策）工具箱研究与设计

中国水治理工具箱的主要工具如下。

（1）法律工具。主要包括国家通过立法和司法，调节和管理水治理方面的活动。一是立法方面，通过制定和修订法律，完善涉水法律法规体系。二是执法方面，做到依法行政，严格依法惩处各类违法行为，坚决禁止执法不严的情况，同时完善执法程序。三是法律监督方面，加强对法律实施中严重违反国家法律的监督，严防法律滥用的情况。

（2）行政工具。包括一些限制指标、指令、规定等。一是通过设定最低或最高的限制标准，对涉水行为进行限制。例如水资源利用总量控制、污染物排放标准、用水效率标准、用水行业准入标准等多个方面。二是涉水管理方面的规定。例如河长制、涉水监测管理体制、涉水管理考核办法、水工程管理体制、水工程安全管理办法等。

（3）市场工具。主要包括价格方面的手段以及一些交易机制的设计等。在价格或收费标准方面，例如，自来水价格、水资源费、排污费、横向生态补偿标准、水权交易价格、水环境治理的第三方治理收费标准、水工程建设融资的成本；在市场机制设计方面，例如，水权交易、污染物交易、横向生态补偿机制等。

（4）信息工具。充分利用信息化手段治水，实现信息治水。推进涉水信息公开与共享。目前中国的涉水信息公开与共享程度不高，是公众极为关注的问题，已不能适应现代治水的需要。

（5）技术工具。包括水资源开发利用技术、水污染治理技术、节水技术、水生态修复技术、水灾害防治技术等。

1.6　中国近期水治理政策建议

1.6.1　近期政策问题

水价形成机制不合理，未能反映水资源的紧缺态势、供水成本等因素；水资源费征收标准长期偏低，征收管理不够规范；治理污水成本远高于排污费标准；水生态监测评价机制缺乏；水生态保护与修复投入与生态补偿机制缺乏；水生态保护社会参与机制缺乏；水治理领域投融资机制有待健全；水事纠纷调处机制尚不健全。

1.6.2　近期水治理的政策建议

1.6.2.1　分阶段逐步推进涉水管理体制改革

近期重点建立强有力的治水决策或协调机制，综合协调涉水部门的水治理方面的职能，更好统筹水资源、水环境、水生态等涉水事务的协调管理。

长期应根据水治理的需要，进一步推进涉水部门的改革与整合，适当集中涉水事务管理职能，降低政策协调的成本。

1.6.2.2　加强顶层设计，建立健全水治理的制度体系

一是提升水资源治理能力。进一步加强对项目、区域、发展规划的水资源论证，真正实现项目建设、规划计划和区域发展的"量水而行"；不断推进水价形成机制改革，深入推进以全成本核算为基础的差别化定价机制；不断完善水资源费的征收指导标准，健全水资源费的标准调整机制，全面推进水资源费改税，规范水资源费的征收管理；全面促进节水型社会建设，健全节水型制度体系建设；加强水资源规范管理，严格落实取水许可制度。

二是加大水环境治理力度。加强对水环境治理的重视程度，将水环境质量指标作为地方政府考核的重要内容；采取多种手段，全面推进重点流域、饮用水源地等的水环境综合；适当提高排污费的征收标准，积极推进

污水处理企业的市场化改革步伐，保障污水处理企业的正常运营；鼓励积极推进环境第三方治理，充分利用一些专业技术公司的力量，提高环境治理的针对性与技术水平。

三是强化水生态保护与修复。建立水生态空间保护制度，划定水生态保护红线，建立和完善相关的管控举措；建立水生态的评价监测机制；改革和完善水生态保护与修复的补偿制度，特别是对于饮用水水源地、重点湿地、湖泊、库区等重点区域，建立起稳定的对水生态保护与修复的多元化资金投入机制；针对一些重点的湿地湖泊河道滩涂等，根据不同的生态性质及其需求，建立起相应的保护机制；通过多种渠道，加强宣传与教育，提升公众水生态保护与修复的意识。

四是推进水工程管理与投融资机制改革。完善水工程建设的投融资机制，拓展资金来源渠道；加快水利工程管理体制改革，明确水行政部门与水利工程管理单位的权利和责任，根据水利工程管理单位的类别和性质，

建立差别化的管理方式，并积极推行管养分离，从根本上解决"重建设、轻管理"问题。

五是提高水事关系的处理水平。坚持预防为主，预防与调处相结合的方针，完善属地为主、条块结合的水事纠纷调处机制以及内部协调机制；加强对相关处理人员的培训，提升其处理能力；通过法制宣传教育，提升用水主体的法律意识，引导其以理性合法的形势表达利益诉求、解决利益矛盾。另外，对于国际水事关系的处理，建立与相关国家（地区）间的日常沟通联系机制，协商处理有关问题。

1.6.2.3　加强促进制度落实的体制机制建设

一是把水资源开发、利用、节约和保护，以及水环境保护和治理，水生态保护和治理，水生态保护与修复等纳入政府考核体系。

二是根据不同领域需要，结合相

应的能力与体制建设，建立适宜的监管体系。如，建立适当层级的垂直管理体制，既防止不适当干预，也可以进一步明确责任。

三是完善相关法律法规，建立更为严格的责任追究体系。

四是发挥各部门的合力，共同形成完备的监管力量，并提高联合执法能力。

五是建立举报激励制度，充分调动社会组织与公众的力量参与监督。

1.6.2.4 强化市场化手段在水治理领域的应用

一是建立奖励先进的政策机制，激励管理与技术先进的企业参与到水治理过程中

二是重视促进市场化主体参与的机制设计，特别是一些激励机制的设计，给予市场化主体参与的空间，调动参与积极性。

三是加快涉水方面的相关交易市场建设的进程，例如水权交易市场建设等，充分发挥市场化手段在资源配置中的作用。

1.6.2.5 探索建立多元参与的水治理机制

针对政府以外的主体参与不足问题，必须全面动员社会力量参与到水治理中来，探索建立多元共治的治水模式，实现由政府治理向社会共治的转变，实现多元主体的共同治理，促进水治理机制的转型升级。

1.7 致谢

感谢中国水治理专家顾问委员会对该专题提出的宝贵意见和建议，感谢世界银行对该专题的大力支持。

（谷树忠，国务院发展研究中心资源与环境政策研究所副所长、研究员；张亮，国务院发展研究中心社会发展研究部研究室主任、研究员）

参考文献

[1] 李晶. 中国水权[M]. 北京：知识产权出版社，2008.

[2] 李晶，宋守度，姜斌等. 水权与水价——国外经验研究与中国改革方向探讨[M]. 北京：中国发展出版社，2003.

[3] 洪庆余. 中国江河防洪丛书，总论卷、长江卷、黄河卷、淮河卷、海河卷、松花江卷、辽河卷、珠江卷[M]. 北京：中国水利水电出版社，1998.

[4] 贾绍凤，吕爱锋，韩雁等. 中国水资源安全报告[M]. 北京：科学出版社，2014.

[5] 许树柏. 层次分析法[M]. 天津：天津大学出版社，1989.

[6] 顾浩. 中国治水史鉴[M]. 北京：中国水利水电出版社，1997.

[7] 陈明忠，张续军. 最严格水资源管理制度相关政策体系研究[J]. 水利水电科技进展，2015，35（5）：130-135.

[8] 陈金木，梁迎修. 实行最严格水资源管理制度的立法对策[J]. 人民黄河，2014，36（1）：55-56，60.

[9] 刘高峰，龚艳冰，佟金萍. 新常态下最严格水资源管理制度的历史沿革与现实需求[J]. 科技管理研究，2016（10）：261-266.

[10] 潘成忠，丁爱中，袁建平等. 我国流域水资源保护框架浅析[J]. 北京师范大学学报（自然科学版），2013，49（2/3），187-192.

[11] 毛永红. 中国流域水管理立法思考[J]. 中北大学学报（社会科学版），2015，31（3）：34-38，44.

[12] 郎佩娟. 我国流域立法模式的合理选择与实现路径[J]. 北京行政学院学报，2012（3）：96-100.

[13] 谷树忠，李维明. 关于构建国家水安全保障体系的总体构想[J]. 中国水利，2015（9）：3-5，16.

[14] 国家防汛抗旱总指挥部、中华人民共和国水利部. 中国水旱灾害公报（2016）[N]，2017年7月.

[15] 朱建华、张惠远、郝海广、胡旭珺. 市场化流域生态补偿机制探索——以贵州

省赤水河为例[J]. 生态保护，2018，24（46）26-31.

[16] 李超显. 国外流域生态补偿实践：比较、特点和启示[J]. 资源节约与环保，2018，10：114-115.

[17] 胡旭珺，周翟尤佳，张惠远，郝海广. 国际生态补偿实践经验及对我国的启示[J]. 环境保护，2018，1：76-79.

[18] 李红松. 跨省流域生态补偿机制构建研究[J]. 学术探索，2018，11，69-76.

[19] 付意成，张春玲，阮本清等. 生态补偿实现机理探讨[J]. 中国农学通报，2012，28（32）：209-214.

[20] 许凤冉，阮本清，汪党献，张春玲. 流域水资源共建共享理念与测算方法[J]. 水利学报，2010，6（41）665-670.

[21] 付意成，吴文强，阮本清. 永定河流域水量分配生态补偿标准研究[J]. 水利学报，2014，2（45）142-149.

[22] 刘玉龙，许凤冉，张春玲，阮本清等. 流域生态补偿标准计算模型研究[J]. 中国水利，2006，22：35-38.

[23] 桑德SMART小城镇污水系统解决方案以及长沙项目实地调研[C]. 第二届中国农村和小城镇水环境治理论坛论文集，100-104，2014年3月.

[24] 城市水务市场化模式研究[J]. 水利部发展研究中心，2014：45-55.

[25] 区域水务运行机制研究[J]. 水利部发展研究中心，2005：10-15.

[26] 钟玉秀等. 深化城市水务管理体制改革：进程、问题与对策[J]. 水利发展研究，2010（8）：66-72.

[27] 王亦宁. 对城市水务市场化改革的再认识[J]. 经济要参，2014（22）：41-45.

[28] 王亦宁等. 加强重要城市水务管理体制改革的思考[J]. 水利发展研究，2018（4）：10-13.

[29] 严华东等. PPP模式应用于水利工程的动机和政策建议[J]. 水利发展研究，2016（9）：11-15.

[30] 严华东等. PPP模式应用于水利工程的动机和政策建议[J]. 水利发展研究，2016（9）：11-15.

[31] 周林军. 深谈水务行业PPP七大争议：反思水务PPP初衷是什么[J]. 西南给排水，2017（1）：73-80.

[32] 马毅鹏等. 对运用PPP模式吸引社会资本投入水利工程的思考[J]. 水利经济，2016（1）：35-37，45.

[33] 钟焕荣. 对加快推进福建水利PPP项目的思考[J]. 中国水利，2016（12）：25-26.

[34] 钟玉秀等. 合理的水价形成机制初探[J]. 水利发展研究，2001（2）：13-16.

[35] 温桂芳，钟玉秀. 我国水价形成机制与管理制度深化改革研究——深化水价改革：进程与问题[J]. 价格理论与实践，2004（10）：7-9.

[36] 温桂芳，钟玉秀. 我国水价形成机制与管理制度深化改革研究——深化水价改革：对策与思路[J]. 价格理论与实践，2004（11）：31-33.

[37] 刘文，钟玉秀. 供水价格改革60年回顾与展望[J]. 中国水利，2009.19：10-12.

[38] 王一文，钟玉秀等.加快完善并推进非居民用水超计划（定额）累进加价制度[J].中国水利，2016.6：50–53.

[39] 李培蕾，钟玉秀.农村饮水安全工程电价及税费问题透视[J].中国水利，2010.23：51–53.

[40] 付健，李培蕾等.关于稳步推行城市居民生活用水阶梯式水价制度的思考[J].水利发展研究，2012（3）：6–10.

[41] 邹元龙，赖长浩等.排污费改革几个相关问题的思考[J].法制与管理，2013（10）：7–8.

[42] 胡明，曹志鹏.现行水资源费征收制度存在的问题及解决思路[J].任命长江，2007，38（11）：108–109.

[43] 曹伊清，翁静雨.政府协作治理水污染问题探析[J].吉首大学学报：社会科学版，2017（3）：103–108.

[44] 贾绍凤，张杰.变革中的中国水资源管理[J].中国人口·资源与环境，2011，21（10）：102–106.

[45] 李昊，孙婷.监督问责机制在最严格水资源管理制度考核中的应用[J].中国水利，2014（13）：15–18.

[46] 王亚华.中国水管理改革进展评估报告[A].国情报告〔第十卷 2007年（上）〕[C]，2012：21.

[47] 谷树忠、李维明.实施资源安全战略 确保我国国家安全[N].人民日报，2014年4月29日.

[48] 周浩，吕丹.跨界水环境治理的政府间协作机制研究[J].长春大学学报，2014（3）：21–25.

[49] 2030 Water Resources Group. 2009. Charting Our Water Future: Economic Frameworks to Inform Decision-Making. Washington, DC. https://www.2030wrg. org/charting-our-water-future/

[50] Acreman, Mike. 2016. "Environmental Flows—Basics." WIREs Water 3: 622–28.

[51] Acreman, Mike, and Michael Dunbar. 2004. "Defining Environmental River Flow Requirements—A Review." Hydrology and Earth System Sciences 8 (5): 861–76.

[52] Adger, W. Neil, Katrina Brown, and Emma Tompkins. 2005. "The Political Economy of Cross-Scale Networks in Resource Co-Management." Ecology and Society 10 (2): 9–13.

[53] Alpert, Peter. 1988. "Citizen Suits under the Clean Air Act: Universal Standing for the Uninjured Private Attorney General." Boston College Environmental Affairs Law Review 16 (2): 283–328.

[54] Barrow, Christopher. 1998. "River Basin Development Planning and Management: A Critical Review." World Development 26 (1): 171–186.

[55] Bennett, Michael. 2009. Markets for Ecosystem Services in China: An Exploration of China's "Eco-compensation" and Other Market-based Environmental Policies—A Report from Phase 1 Work on

an Inventory of Initiatives for Payments and Markets for Ecosystem Services in China. Washington, DC: Forest Trends.

[56] Campbell, Jonathan. 2000. "Has the Citizen Suit Provision of the Clean Water Act Exceeded its Supplemental Birth?" William & Mary Environmental Law and Policy Review 24 (2): 305–44.

[57] Caponera, Dante. 1992. Principles of Water Law and Administration: National and International. Rotterdam, The Netherlands: A. A. Balkema.

[58] Cheng, X. 2006. "Recent Progress in Flood Management in China." Irrigation and Drainage 55: S75–S82.

[59] China Water Risk. 2014. "Water Permits: How to Get Water in China." China Water Risk (blog), June 14. http://chinawa-terrisk. org/resources/analysis-reviews/ water-permits-how-to-get-water-in-china/.

[60] 2017a. "Regulations." China Water Risk (blog), July 17. http://chinawaterrisk.org/regulations/water-regulation/#boxE.

[61] 2017b. "Revised 'Water Pollution Prevention and Control Law' Approved." China Water Risk (blog), June 27. http://chinawaterrisk. org/notices/ revised-water-pollution-prevention-and-con-trol-law-approved/.

[62] Cui, Baoshan, Na Tang, Xinsheng Zhao, and Junhong Bai. 2009. "A Management-Oriented Valuation Method to Determine Ecological Water Requirement for Wetlands in the Yellow River Delta of China." Journal for Nature Conservation 17: 129–141. 10.1016/j.jnc.2009.01.003.

[63] Daggett, Susan. 2002. "NGOS as Lawmakers, Watchdogs, Whistle-blowers, and Private Attorneys-General." Colorado Journal of International Environmental Law and Policy 1 (1): 99–114.

[64] Duhan, M., H. McDonald, and S. and Kerr. 2015. "Nitrogen Trading in Lake Taupo—An Analysis and Evaluation of an Innovative Water Management Policy." Motu Working Paper 15-07, Motu Economic and Public Policy Research, Wellington, New Zealand. http://motu-www.motu.org. nz/ wpapers/15_07.pdf.

[65] Geall, Sam. 2015. "Interpreting Ecological Civilization." China Dialogue (blog), July 6. https://www. chinadialogue.net/article/show/ single/ en/8018-Interpreting-ecological-civilisa-tion-part-one-.

[66] GoA (Government of Australia), Bureau of Meteorology. 2017. "Good Practice Guidelines for Water Data Management and Policy: World Water Data Initiative." Bureau of Meteorology, Melbourne.

[67] Grafton, R. Quentin, Clay Landry, Gary Libecap, and Robert O'Brien. 2010. "Water Markets: Australia's Murray-Darling Basin and the US Southwest." NBER Working Paper 15797. Cambridge, MA: NBER. http://www.nber.org/papers/w15797. pdf .

[68] Griffiths, Martin, and Cheng Dongsheng. 2014."Reforming Water Permits in China." China Water Risk (blog), November 17. http://chinawaterrisk. org/opinions/reforming-water-permits-in-china/.

[69] GWI (Global Water Intelligence). 2015. "Market Profile: China's Industrial Water Market." Global Water Intelligence (blog), July.

[70] 2017. "'Tariffs Need to Double' in the USA to Tackle Ageing Infrastructure & Water Scarcity." GWI (blog), October 12. https://www.globalwa-terintel.com/tariffs-need-to-double-in-the-usa-global-water-tariff-survey-2017.

[71] Hall, Jim W., Ian C. Meadowcroft, Paul B. Sayers, and Mervyn E. Bramley. 2003. "Integrated Flood Risk Management in England and Wales." Natural Hazards Review 4 (3).

[72] Heikkila, Tanya, Edella Schlager, and Mark Davis. 2011. "The Role of Cross-Scale Institutional Linkages in Common Pool Resources Management: Assessing Interstate River Compacts." Policy Studies Journal 39 (1).

[73] HLPW (High Level Panel on Water). 2018. Making Every Drop Count: An Agenda for Water Action. New York: HLPW. https://sustainabledevelopment. un.org/content/documents/17825HLPW_ Outcome.pdf.

[74] Huang, J., X. Wang, and H. Qiu. 2012. Small Scale Farms in China in Face of Mondernisation and Globalisation. London/The Hague: IIED/HIVOS.

[75] Huang, Qiuqiong. 2014."Impact Evaluation of the Irrigation Management Reform in Northern China." Water Resources Research 50 (5): 4323–40.

[76] Jaspers, Frank. 2003. "Institutional Arrangements for Integrated River Basin Management." Water Policy 5: 77–90.

[77] Lankford, Bruce, and Nick Hepworth. 2010. "The Cathedral and the Bazaar: Monocentric and Polycentric River Basin Management." Water Alternatives 3 (1): 82–101.

[78] Laituri, Melinda, and Faith Sternlieb. 2014. "Water Data Systems: Science, Practice, and Policy." Journal of Contemporary Water Research & Education 153 (1).

[79] Lee, Vivien, and David Wessel. 2017. "National Flood Insurance Program."

Brookings Institution (blog), October 10. https://www.brookings.edu/blog/ up-front/2017/10/10/the-hutchins-center-ex-plains-national-flood-insurance-program/

[80] Li, Hao, Tao Liu, and Wei Huang. 2010. "Kuajie shuiziyuan chongtu dongyin yu xietiao moshi yanjiu [Research on the drivers and resolution modes of transbounday water resource dis-putes]." Ziran Ziyuan Xuebao [Journal of Natural Resources] 25 (5). http://d.wanfangdata.com. cn/periodical_zrzyxb201005001.aspx.

[81] Li, Tianhong, Wenkai Li, and Zhenghan Qian. 2008. "Variations in Ecosystem Service Value in Response to Land Use Changes in Shenzhen." Ecological Economics 69: 1427–35.

[82] Li, Xiaoning, Junqi Li, Xing Fang, Yongwei Gong, and Wenliang Wang. 2016. "Case Studies of the Sponge City Program in China." World Environmental and Water Resources Congress 2016. May 22-26. West Palm Beach, FL, USA. https://www. researchgate.net/publica-tion/303362681_Case_Studies_of_the_Sponge_ City_Program_in_China.

[83] Lin, Liguo. 2013. "Enforcement of Pollution Levies in China," Journal of Public Economics 98: 32–43.

[84] Lu, Yonglong, Shuai Song, Ruoshi Wang, Zhaoyang Liu, et al. 2015. "Impacts of Soil and Water Pollution on Food Safety and Health Risks in China." Environment International 55: 5–15. 10.1016/j. envint.2014.12.010.

[85] Lutz, A. F., W. W. Immerzeel, A. B. Shrestha, M. F. P. Bierkens. 2014. "Consistent Increase in High Asia's Runoff due to Increasing Glacier Melt and Precipitation." Nature Climate Change 4: 587–92.

[86] McGregor, Dawn. 2017. "Insights from China's Textile Manufacturers: Gaps to Overcome for Clean & Circular Fashion." China Water Risk (blog), August.

[87] MERICS (Mercator Institute for Chinese Studies). 2016. "The Party's Nerve Centre: Deciphering Policy-Making Structures in Xi Jinping's China." MERICS China Mapping (blog), June 22. https://www.merics.org/en/ china-mapping/ partys-nerve-centre.

[88] GoC (Government of China), Ministry of Ecology and Environment. 2017. "China Tightens Pollution Control with Discharge Permits." Ministry of Environmental Protection (blog), August 7. http://english. mep.gov.cn/News_service/ media_news/201708/t20170807_419308.shtml.

[89] GoC (Government of China), Ministry

of Finance. 2014. "Guanyu tuiguang yunyong zhengfu he shehui ziben hezuo moshi youguan wenti de tongzhi" [Opinion concerning issues related to expanding the utilization of Public-Private Capital Partnership Model]." Ministry of Finance, Beijing. http://jrs.mof.gov.cn/ppp/zcfbppp/201410/ t20141031_1155346.html.

[90] Mo, Xing-Guo, Shi Hu, Zhong-Hui Lin, Su-Xia Liu, and Jun Xia. 2017. "Impacts of Climate Change on Agricultural Water Resources and Adaptation on the North China Plain." Advances in Climate Change Research 8 (2): 93–98.

[91] Molle, Francois. 2009. "River-Basin Planning and Management: The Social Life of a Concept." Geoforum 40 (3), 484–94.

[92] Moore, Scott. 2013. "China Must Strengthen Its Institutions Before Unleashing Market Forces." South China Morning Post, November 19.

[93] 2014. "Hydropolitics and Inter-Jurisdictional Relationships in China: The Pursuit of Localized Interests in a Centralized System." China Quarterly 219: 760–80.

[94] 2015. "The Development of Water Markets in China: Progress, Peril, and Prospects." Water Policy 17: 253–67.

[95] 2017. "Water Policy and Politics in China:

Towards a Theoretical and Empirical Literature," China Quarterly.

[96] 2018. "The Political Economy of Flood Management Reform in China." International Journal of Water Resources Development 34 (4): 566–77.

[97] The Nature Conservancy. 2016. China Urban Water Blueprint. Beijing: The Nature Conservancy.

[98] O'Grady, D. 2008. "Point to Nonpoint Phosphorus Trading in the South Nation River Watershed." WIT Transactions on Ecology and the Environment 108: 189–95.

[99] Priscoli, Jerome Delli. 2004. "What Is Public Participation in Water Resources Management and Why Is It Important?" Water International 29 (2): 221–27.

[100] Pu, Yufei, Xueying Zhang, Liu Min, Rui Zhao, and Lei Sheng 2007. Transparency and Public Participation in Water Resources Management in China. Working Paper 46919. State Information Center, Beijing. http://siteresources.worldbank. org/INTEAPREGTOPENVIRONMENT/ Resources/ ReportwatergovernancePuYFE N662007Edited.pdf.

[101] Qin, Ying, Elizabeth Curmi, Grant M. Kopec, Julian M. Allwood, Keith S. Richards. 2015. "China's Energy-Water

Nexus—Assessment of the Energy Sector's Compliance with the "3 Red Lines" Industrial Water Policy." Energy Policy 82: 131–43.

[102] Scherr, S. J., and M. T. Bennett. 2011. Buyer, Regulator, and Enabler—The Government's Role in Ecosystem Services Markets: International Lessons Learned for Payments for Ecological Services in the People's Republic of China. Mandaluyong City, The Philippines: ADB.

[103] Schneider, Keith. 2011. "Coal is China's Largest Industrial Water Consumer." Grist (blog), February 23. http://grist.org/article/2011-02-23-coal-is-chinas-largest-industrial-water-consumer/.

[104] Selman, M., E. Branosky, C. and Jones. 2009. "Water Quality Trading Programs: An International Overview." WRI Issue Brief (blog), March. http:// wriorg.s3.amazonaws.com/s3fs-public/pdf/ water_trading_quality_programs_international_overview.pdf.

[105] Shen, Dajun. 2009. "River Basin Water Resources Management in China: A Legal and Institutional Assessment." Water International 34 (4): 484–96.

[106] Shi, PeiJun, Yi Ge, Yi Yuan. and Weiping Guo. 2005. "Integrated Risk Management of Flood Disasters in Metropolitan Areas of China." International Journal of Water Resources Development 21: 613–27.

[107] Shore, Randy. 2015. "Canadians Rank among World's Top Water Hogs." Vancouver Sun, August 8. http://www.vancouversun.com/ Canadians+rank+among+world+water+hogs/ 11274891/story.html.

[108] Stern, Rachel. 2014. "The Political Logic of China's New Environmental Courts." China Journal 72: 53–75.

[109] Sun, B., L. Zhang, L. Yang, F. Zhang, D. Norse, and Z. Zhu. 2012. "Agricultural Non-Point Source Pollution in China: Causes and Mitigation Measures." Ambio 41 (4): 370–79.

[110] Tan, Debra. 2017. "Toxic Phones: China Controls the Core." China Water Risk (blog), September 18. http://chinawater-risk.org/resources/analysis-reviews/ toxic-phones-china-controls-the-core/.

[111] Thieriot, Hubert, and Debra Tan. 2016. "Toward Water Risk Valuation: Investor Feedback on Various Methodologies Applied to 10 Energy Listcos." China Water Risk (blog).

[112] UN Water (United Nations Water). 2018. "Practice Guidelines for Water Data

Management Policy." UN Water, New York, February 1. http://www.unwater.org/practice-guide-lines-water-data-management-policy/.

[113] Varghese, Shirley. 2013. Water Governance in the 21st Century: Lessons from Water Trading in the U.S. and Australia. Minneapolis, MN: IATP.

[114] Wang, Hua, and Somik Lall. 2002. "Valuing Water for Chinese Industries: A Marginal Productivity Analysis." Applied Economics 34 (6): 759–65.

[115] Wang, Jinxia, Jikun Huang, and Scott Rozelle. 2000. "Theoretical Explanations of Property Rights Innovation in the Groundwater Irrigation System: An Empirical Study of Small Scale Water Projects." Economic Research 4: 66–74.

[116] Wang, Jinxia, Jikun Huang, Lijuan Zhang, Qiuqiong Huang, and Scott Rozelle. 2010. "Water Governance and Water Use Efficiency: The Five Principles of WUA Management and Performance in China." Journal of the American Water Resources Association 46 (4): 665–85.

[117] Wang, Mingyuan. 2008. "China's Pollutant Discharge Permit System Evolves behind Its Economic Expansion." Villanova Environmental Law Journal 19 (1): 95–

121.

[118] Wang, Weiliang, Tiantian Ju, Wenping Dong, Xiaohui Liu, Chuanxi Yang, Yufan Wang, Lihui Huang, Zongming Ren, Li Qi, and Hongyan Wang. 2015. "Analysis of Nonpoint Source Pollution and Water Environmental Quality Variation Trends in the Nansi Lake Basin from 2002 to 2012." Journal of Chemistry: 1–11.

[119] Webber, Michael, Jon Barnett, Brian Finlayson, and Mark Wang. 2008. "Pricing China's Irrigation Water." Global Environmental Change 18: 617–25.

[120] Wilson, Scott. 2015. "Mixed Verdict on Chinese Environmental Public Interest Lawsuits." The Diplomat (blog), July 20. http://thediplomat. com/2015/07/mixed-verdict-on-chinese-envi-ronmental-public-interest-lawsuits/.

[121] World Bank. 2006. Integrated River Basin Management: From Concepts to Good Practice. Washington, DC: World Bank.

[122] 2013a. China—Jiangxi Wuxikou Integrated Flood Management Project. Washington, DC: World Bank. https://hubs.worldbank. org/docs/ImageBank/Pages/DocProfile/ aspx?nodeid=17406297.

[123] 2013b. Design of ET-Based Water Rights Administration System for Turpan Prefecture

of Xinjiang China. Washington, DC: World Bank.

[124] 2016. Benchmarking Public-Private Partnerships: Assessing Government Capability to Prepare, Procure, and Manage PPPs. Washington, DC: World Bank. https://library.pppknowledgelab. org/documents/3751?ref_site=kl.

[125] 2017a. Implementing Nature-Based Flood Protection: Principles and Implementation Guidance. Washington, DC: World Bank.

[126] 2017b. "PPP Knowledge Lab: China." PPP Knowledge Lab (blog), July 24. https://pppknowledgelab.org/countries/china.

[127] 2017c. Water Scarce Cities: Thriving in a Finite World. Washington, DC: World Bank.

[128] World Bank. 2018. "People using safely managed sanitation services, rural (% of rural population)." WHO/UNICEF Joint Monitoring Programme for Water Supply, Sanitation and Hygiene. https:// data. worldbank.org/indicator/SH.STA.SMSS. RU.ZS

[129] World Bank/DRC. 2017a. "Advancing Water Quality Markets in China." Study Team Report 3. World Bank, Washington, DC.

[130] 2017b. "China's Water Management

Administrative System and Its Reform." Study Team Report 12. World Bank, Washington, DC.

[131] 2017c. "Ecological Compensation and Governance." Study Team Report 10. World Bank, Washington, DC.

[132] 2017d. "Flood Control Management and Protection." Study Team Report 9. World Bank, Washington, DC.

[133] 2017e. "Legalization Progress and Improvement for Water Governance." Study Team Report 11. World Bank, Washington, DC.

[134] 2017f. "PPPs and Water Governance in China." Study Team Report 14. World Bank, Washington, DC.

[135] 2017g. "Re-Examining the Three Red Lines Policy." Study Team Report 5. World Bank, Washington, DC.

[136] 2017h. "Water Prices, Taxes, and Fees." Study Team Report 8. World Bank, Washington, DC.

[137] 2017i. "Water Rights Designation and Transfer." Study Team Report 6. World Bank, Washington, DC.

[138] 2017j. "Evaluation of China's Water Security Status and Issues." Study Team Report 2. World Bank, Washington, DC.

[139] 2017k. "Macro-Economic Impacts of Water

Scarcity and Redlines in China: Results from an Integrated Regional CGE Water Model." Study Team Report 4. World Bank, Washington, DC.

[140] World Bank/DRC. 2014. Urban China: Toward Efficient, Inclusive, and Sustainable Urbanization. Washington, DC: World Bank.

[141] Wouters, Patricia. 2000. "The Relevance and Role of Water Law in the Sustainable Development of Freshwater." Water International 25 (2): 202–07.

[142] Wu, Xun, R. Schuyler House, and Ravi Peri. 2016. "Public-Private Partnerships (PPPs) in Water and Sanitation in India: Lessons from China." Water Policy 18: 153–176.

[143] WWAP (World Water Assessment Programme). 2012. The United Nations World Water Development Report 4: Managing Water under Uncertainty and Risk. Paris: UNESCO.

[144] Xia, Jun, Qing-Yun Duan, Yong Luo, Zheng-Hui Xie, Zhi-Yu Liu, and Xing-Guo Mo. 2017. "Climate Change and Water Resources: Case Study of Eastern Monsoon Region of China." Advances in Climate Change Research 8 (2): 63–67.

[145] Xie, Jian, Andres Liebenthal, Jeremy J. Warford, John A. Dixon, Manchuan Wang,

Shiji Gao, Shuilin Wang, Yong Jiang, and Zhong Ma. 2008. Addressing China's Water Scarcity: A Synthesis of Recommendations for Selected Water Resource Management Issues. Washington, DC: World Bank.

[146] Xu, J., and Berck, P. 2014. "China's Environmental Policy: An Introduction." Environment and Development Economics 19 (1): 1–7.

[147] Xu, Wei. 2015. "Agricultural Subsidies 'Should Be Reconsidered.'" China Daily, May13. http:// www.chinadaily.com.cn/china/2015-05/13/con-tent_20701246.htm.

[148] Xu YS, Yuan Y, Shen SL, Yin ZY, Wu HN, Ma L (2015) Investigation into subsidence hazards due to groundwater pumping from aquifer II in Changzhou, China. Nat Hazards 78(1):281–296. https://doi.org/10.1007/s11069-015-1714-x

[149] Xu, Yuanchao. 2017. "China's River Chiefs: Who Are They?" China Water Risk (blog), October 17. http://chinawater-risk.org/resources/analysis-reviews/ chinas-river-chiefs-who-are-they/.

[150] Yang Y, Zheng FD, Liu LC, Wang SF, Wang R (2013) Study on the correlation between groundwater level and ground subsidence in Beijing plain areas (in Chinese with English abstract). Geotech

Invest Surv 8:44–48

[151] Yin YP, Zhang ZC, Zhang KJ (2005) Land subsidence and countermeasures for its prevention in China (in Chinese with English abstract). Chinese J Geol Hazard Control 16(2):1–8

[152] Zhang, B., K. H. Fang, and K. A. Baerenklau. 2017. "Have Chinese Water Pricing Reforms Reduced Urban Residential Water Demand?" Water Resources Research 53 (6): 204–63.

[153] Zhang, Laney. 2014. "China: Notable Environmental Public Interest Lawsuit." Global Legal Monitor (blog), October 17. http://loc.gov/law/for-eign-news/article/china-notable-environmen-tal-public-interest-lawsuit/.

[154] 2017a. "China: Laws Amended to Allow Prosecutors to Bring Public Interest Lawsuits." Global Legal Monitor (blog), July 6. http://loc.gov/law/foreign-news/article/china-laws-amended-to-allow-prosecu-tors-to-bring-public-interest-lawsuits/.

[155] Zhang, Maggie. 2017b. "New Environment Tax Will Hit Businesses in China Hard, Say Experts." South China Morning Post, October 3. http:// www.scmp.com/business/china-business/arti-cle/2113650/new-environment-tax-will-hit-busi-nesses-china-hard-say.

[156] Zhang, Ping, Liang He, Xin Fan, Peishu Huo, Yunhui Liu, Tao Zhang, Ying Pan, and Zhenrong Yu. 2015. "Ecosystem Service Value Assessment and Contribution Factor Analysis of Land Use Change in Miyun County, China" Sustainability 7: 7333–56.